国家水体污染控制与治理科技重大专项"太湖流域(浙江片区)水环境管理技术集成及综合示范"课题(2012ZX07506-006) 资助出版

太湖流域浙江片区非点源产排污核算方法

梁新强 著

U0262542

科学出版社

北京

内 容 简 介

本书从不同方面(农田、养殖场、农村生活、城镇暴雨径流、河道水生态)、多个尺度(小流域、大尺度流域)对农业非点源产排污、入河系数或负荷量、河道富营养化氮磷生态阈值等方面进行了核算。详细介绍了非点源产排污或入河系数核算方法的原理、优点、操作步骤、注意事项和适用范围的说明,以及具体示范实例。

本书可供从事环境、土壤、水文、生态、农业等领域的科研工作者和工程技术人员,特别是从事农业非点源污染防治的广大科技人员参考借鉴。

图书在版编目(CIP)数据

太湖流域浙江片区非点源产排污核算方法/梁新强著. —北京:科学出版社,2015.6
ISBN 978-7-03-044807-1

Ⅰ.①太… Ⅱ.①梁… Ⅲ.①太湖-流域污染-排污-环境工程-会计方法 Ⅳ.①X524

中国版本图书馆 CIP 数据核字(2015)第 124427 号

责任编辑:朱 丽 杨新改 / 责任校对:赵桂芬
责任印制:赵 博 / 封面设计:耕者设计工作室

科 学 出 版 社出版
北京东黄城根北街 16 号
邮政编码:100717
http://www.sciencep.com

三河市骏杰印刷有限公司 印刷
科学出版社发行 各地新华书店经销
*
2015 年 6 月第 一 版 开本:720×1000 1/16
2015 年 6 月第一次印刷 印张:13 3/4 插页:1
字数:300 000
定价:88.00 元
(如有印装质量问题,我社负责调换)

《太湖流域浙江片区非点源产排污核算方法》编委会

主　编　梁新强

副主编　汪小泉

编　委　周柯锦　蒋彩萍　傅朝栋　朱思睿

　　　　徐丽贤　王知博　赵　越　苑俊丽

序

　　随着我国经济的快速发展,水体富营养化已成为我国重大的水环境问题之一。近年来,尽管国家大力治理淮河、海河、辽河、太湖、巢湖和滇池等流域水污染,针对不同地区的水体富营养化问题开展了加强"水源保护、水源涵养、控制氮磷排放"等一系列行动计划,但是水体富营养化问题仍然没有得到根治,这主要与非点源污染凸显密切相关。研究非点源污染物向水体的产排污系数是大多水环境治理的首要前提。然而,到目前为止还缺乏清晰的研究方法。

　　在国家水体污染控制与治理科技重大专项"太湖流域(浙江片区)水环境管理技术集成及综合示范"课题的资助下,参与本书撰写的科研人员对太湖流域浙江片区的水体非点源污染进行了持续、深入的研究。本书在把握国际农业非点源污染研究前沿的基础上,主要针对目前非点源污染研究领域的薄弱环节,通过实地调查、定点监测、数理统计及模型模拟相结合的方式,对研究区域农田、养殖场、农村生活、城镇暴雨径流、典型小流域、大尺度流域、河道水生态等非点源污染问题进行了研究,提出了相关产排污及入河系数或负荷量、河道富营养化氮磷生态阈值等方面的核算方法,为区域非点源污染控制提供了依据。

　　本书从各非点源污染核算的角度入手,内容涉及多个方面、多个尺度,既有各类非点源产排污及入河系数核算方法的原理、优点、操作步骤、注意事项和适用范围的说明,又有具体示范实例的介绍,数据翔实,图文并茂,可读性强;书中关于非点源污染核算的研究方法可为我国同类型区域相关研究提供借鉴。

梁新强

2015 年 3 月

前　　言

　　非点源污染是指在人们的生产和生活中,由于降雨的驱动作用,土壤泥沙颗粒、氮磷等营养物质、畜禽养殖粪便污水、农村生活污水垃圾等各种污染物质,通过地表径流、土壤侵蚀、农田排水等形式进入水环境所造成的污染。与点源污染相比,非点源污染由于其随机性强、成因复杂、潜伏周期长等特点,防治十分困难。近年来,随着点源污染逐渐得到治理,我国目前正处于污染构成快速转变时期。环境保护部发布的《2012中国环境状况公报》显示,全国超过30%的河流水质不达标,其中非点源污染是无法忽视的主要原因。

　　太湖流域浙江片区作为中国商品粮基地,自古以来便是富庶的"鱼米之乡"。气候、土壤、地形、农耕方式等自然和人为因素的综合,使得化肥过量施用、畜禽养殖污染等问题普遍存在。鉴于此,本书撰写组所在科研团队在国家水体污染控制与治理科技重大专项"太湖流域(浙江片区)水环境管理技术集成及综合示范"课题(2012ZX07506-006)的资助下,对太湖流域浙江片区非点源污染的核算方法及具体应用进行了研究。全书共七章:

　　第1章为平原区稻田非点源产排污系数核算方法。在摸清化肥施入稻田后田面水中氮磷动态变化规律的基础上,与降雨-产流模型进行耦合,计算降雨过程中的稻田氮磷流失负荷;同时利用"3S"技术,模拟空间尺度下稻田产区非点源产排污动态变化特征。

　　第2章为规模化养殖场产排污系数核算方法。针对规模化养猪场不同生猪种类、不同清粪方法、不同污水处理方式,进行养猪场产排污的影响因素分析,监测得到养猪场产排污系数,以及养殖场污水排放口下游污染物沿程削减规律。

　　第3章为农村生活污水产排污系数核算方法。按照高、中、低三个不同经济收入水平和有无污水处理设施,对典型农户进行生活污水水质水量定位监测,并核算分析农村生活产排污系数及入河迁移转化规律。

　　第4章为城镇非点源产排污系数核算方法。确定汇水单元范围,划分屋面、道路、草地等不同类型下垫面,通过降雨期水量水质同步观测,得到降雨径流的污染负荷,并结合调查区域有效土地利用面积,计算出城镇暴雨径流造成的非点源产排污系数。

　　第5章为小流域非点源污染负荷核算方法。将研究区域的监测分为非降雨期和降雨期监测,综合考虑降雨历时和强度,根据污染物质的加权平均浓度和监测径流量值,计算典型小流域单位面积由降雨冲刷形成的污染负荷增量。

第6章为大尺度流域非点源产排污模型核算方法。在 GIS 支持下,运用 SWAT 分布式模型对区域尺度非点源污染进行研究,识别氮磷污染负荷的空间分布,从宏观上辨识非点源污染的关键源区,为区域非点源污染控制提供科学依据。

第7章为河道富营养化氮磷生态阈值核算方法。通过实际布点采样测定水体及底泥中氮磷和叶绿素含量,建立适合研究区域的水体氮磷和叶绿素数学关系;基于国际水体叶绿素限值,计算氮磷阈值,为水体富营养化管理提供支持。

本书内容是浙江大学环境保护研究所非点源污染研究组以及浙江省环境监测中心等单位长期工作的积累,是国家水体污染控制与治理科技重大专项"太湖流域(浙江片区)水环境管理技术集成及综合示范"课题的主要成果之一,其中一些核算方法和学术观点,对发展我国非点源污染控制有一定的推动作用,也可为非点源污染定量化研究提供一定的科学依据。

由于水平有限,书中难免有错误和疏漏之处,敬请专家、学者和有关部门同志批评指正。

著　者

2015 年 3 月

目　　录

第1章 平原区稻田非点源产排污系数核算方法

1.1 引　言

农田氮磷流失是非点源污染的最主要组成部分,重视农业非点源污染是国际大趋势。美国等发达国家农业污染占非点源污染总量的 60% 以上,成为河流污染的第一污染源(Gunes,2008)。环境保护部公布的《2012中国环境状况公报》显示,全国超过 30% 的河流和超过 50% 的地下水不达标(中华人民共和国环境保护部,2014),而其中农业面源污染是罪魁祸首之一。在我国农业经济发展中,人多地少的矛盾导致农业生产对化肥施用的依赖性极强。化肥农用品的过量施用导致大量的氮、磷营养物质随着暴雨径流或农事排水进入周边水体,造成水体富营养化(仓恒瑾等,2005)。中国科学院朱兆良院士认为:"在未来几年里,工业和城市生活污水对水质污染的影响将逐渐减小,如果不采取有效措施,由作物种植和畜禽养殖业导致的面源污染,对水质和空气污染的贡献率将日益凸显。"因此,控制农业非点源污染对我国的流域污染治理具有极其重要的意义。

目前,有较多的学者对稻田产区的农业非点源污染负荷进行了估算,主要方法有输出系数法、现场监测法和模型计算法三种。

(1)输出系数法通常采用根据地区某种土地利用类型所占的面积及其对应的单位流失系数来估算污染负荷。该方法简便易行,但由于其流失系数通常为单一的经验数值,因而仅用于粗略估算。

(2)现场监测法通常在研究区域内选择具有代表性的典型小区,同步监测降雨径流的水量和水质,以小区单位污染负荷为基础来估算整个流域的非点源负荷量。这种方法针对特定的小区具有较高的准确性,但由于非点源污染存在时空差异性,因而将其应用于大尺度流域的负荷估算准确性不佳(田平,2006)。

(3)模型计算法是近年来随着"3S"技术的不断成熟而发展起来的。"3S"技术在非点源模型研究中的应用使得地面信息数据的数量和质量都大大地提高,从而增强了非点源污染模型的应用性,同时也推动了大尺度流域非点源模型的快速发展。同时,地理信息系统(GIS)分层处理数据的功能方便了非点源污染的模拟、预测和管理决策,利用 GIS 工具可以做出各影响因子以及非点源污染可能性的空间分布图,并根据实际需要改变各数据层的内容和数据层叠加方式以输出不同的图像,从而对不同条件下的污染状况进行识别和管理(Niraula et al.,2013)。

模型计算法可分为机理性模型和非机理性模型两大类。机理性模型的典型代表是SWAT、AnnAGNPS等一系列成熟软件,其本质均为利用"3S"技术为平台,在数字高程模型(DEM)及土地利用图等数据基础上将流域划分若干个集水单元,并根据各种动力学方程和经验公式来模拟污染物的迁移转化(张秋玲,2010),模拟复杂的非点源产排污机理,但建立模型对各种数据完整性要求很高,而国内环境监测体系不够完善,数据共享存在困难。非点源产排污机理相当复杂,过程太细会使模型的输入增加,操作运行成本上升(Yang Y et al.,2013)。因此目前,诸如SCS水文模型和通用土壤流失方程(USLE)这样的统计模型仍然被广泛应用(田平,2006)。建立一个由主要影响因素主导的半机理性计算方法,并结合"3S"技术以反映其时空变化,可能是农业面源污染负荷估算的最实际办法。

1.2   核算方法原理与优点

1.2.1   核算方法原理

稻田产排污与旱地差异较大,主要表现在其产排污机理的特殊性上。由于水稻在耕作期间大部分时间处于淹水状态,且其周边均有修缮较好的田埂包围,除常规农事排水和降雨溢流外,污染物基本不会排放进入外界环境中。且降雨时,雨滴通常不会直接冲击土壤表面,因此其土壤的侵蚀较小,污染物的主要流失形态为水溶态及悬浮态。稻田氮素的流失途径主要有3种:①通过淋失进入地下水体;②通过地表径流或排水的方式进入地表水体;③以侧渗形式进入毗邻沟渠。朱兆良院士的研究报告曾指出,稻田中氮肥在施用当季的淋失损失很低,主要可能的流失途径是地表径流流失。另外,有研究表明(李慧,2008),径流流失也是磷素最主要的流失途径。因此,对稻田产区的产排污负荷主要是针对径流流失的污染物负荷量进行估算。

本书的研究中将稻田产排污视为一个"蓄满产流"模型,流失负荷计算公式采用我国科学家晏维金等提出的三状态降雨-径流模型,当降雨量造成的水位升高超过田埂高度时,田面水中的污染物通过径流的方式进入环境(图1-1)。

在降雨 R_2 情况下,水稻田由临界状态达到径流状态,这时降雨和径流同时发生。假定降雨和水稻田水均匀混合,径流水中氮磷浓度计算如下:

$$C_{2_i} = (C_{R_i} \Delta H + C_{0_i} H_0) / (H_0 + \Delta H)$$

因此,水稻田瞬间磷氮径流流失量为:

$$\Delta Q_i = A \times \Delta H \times C_{2_i} = A \times \Delta H \times (C_{R_i} \Delta H + C_{0_i} H_0) / (H_0 + \Delta H)$$

式中,Q_i 为稻田污染物流失量(g);A 为稻田面积(m²)。其累积磷氮径流流失量为:

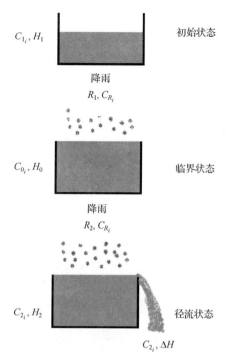

图 1-1　稻田三状态降雨-径流产流过程

C_{1_i} 为降雨前稻田田面水中污染物浓度(mg/L)；C_{R_i} 为雨水中的污染物浓度(mg/L)；C_{0_i} 为临界状态时稻田田面水中污染物浓度(mg/L)；C_{2_i} 为径流状态时稻田田面水中污染物瞬时浓度(mg/L)；R_1 为使田面水达到临界状态时的降雨量(m)；R_2 为达到临界状态后的持续降雨水深(m)；H_1 为降雨前稻田田面水高度(m)；ΔH 为整场降雨产生的稻田径流水深(m)；H_0 为稻田表面到田埂排水口高度(m)；H_2 为整场降雨水深(m)

$$Q_i = \sum \Delta Q_i = A \int_0^{R_2} C_{2_i} \times \mathrm{d}H$$

通过求积分可得单场降雨下,稻田流失负荷计算公式为:

$$Q_i = A[C_{R_i} R_2 + H_1 (C_{1_i} - C_{R_i})(1 - \mathrm{e}^{-R_2/H_0})]$$

稻田磷氮流失量由水稻田面积、水稻田持水量、施肥量、降雨量及排水堰等因素决定。一般,施肥可以显著地提高田面水中 N、P 等营养物质的浓度,其峰值与施肥量呈显著的正相关,该峰值大小与土壤类型也密切相关(周全来等,2006;张志剑等,2001);当田面水中 N、P 浓度达到峰值后,便逐渐衰减,其浓度随时间呈指数型的动态变化。因此,通过监测不同施肥水平及不同土壤类型下的田面水 N、P 浓度变化,并进行拟合,可用于模拟计算稻田流失负荷。

如果把降水、蒸发、田面水管理、田面水氮浓度变化、径流、径流流失等因素作为一个系统,分别以前一日的各参数和气象信息作为输入项,得到后一日的各参数,用于模型计算,便可以建立连续的负荷模拟计算模型。该模型的估算示意图如

图 1-2 所示,水量平衡和物料平衡方程如下:

水量平衡:第二天田面水初始量＝第一天田面水初始量＋第一天灌溉水量＋第一天降雨量－第一天径流水深－第一天蒸发量;

物料平衡:第二天田面水 N(P)浓度＝(第一天田面水 N(P)浓度× 第一天田面水余量＋降雨中 N(P)浓度× 降雨量－径流流失 N(P)总量)/第二天田面水初始量。

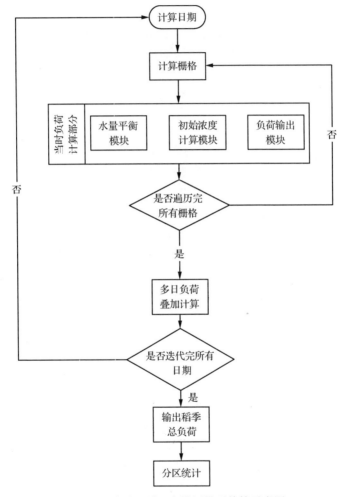

图 1-2　平原区稻田产排污模型估算示意图

1.2.2　核算方法优点

该方法通过对化肥施入稻田后田面水中污染物的迁移转化进行研究,得出其动态变化规律,并将该规律与降雨-产流模型进行耦合,用于计算降雨过程中的稻田氮磷流失负荷;同时利用"3S"技术,将该模型应用于流域范围内,可以模拟不同尺度下的稻田产区非点源产排污动态变化规律。与传统的单一输出系数法相比,该方法更能反映出非点源产排污系数的时空变化;另外,与机理性模型相比,本方法所需基础资料和参数相对较少,模型构建较容易,运行效率较高。

1.3　核算方法要求

1.3.1　试验点布设原则

(1)试验点布设首先考虑土壤类型,应对照该地区土壤类型分布数据,选取该地区占比较大(10%以上)的土种作为试验土壤;当条件不足时,应按照土壤亚类分别选取该亚类下占比最大的土种作为试验土壤。

(2)所选试验点田块近 5 年的常规农事操作和耕作制度应在该地区具有代表性。

(3)试验点四周应有较大面积的试验保护区,周边自然环境应较为稳定,尽量防止恶劣环境或人为影响对试验的干扰。

(4)当研究区域范围较大时,同一土壤类型的试验点应设置平行点,扩大样本量,以保证试验结果代表性。

(5)本试验一般以大田监测进行,当试验条件不足时可以采集原状土壤样品进行实验室模拟。

1.3.2　基础资料要求

该方法所需的基础资料及格式、精度如下:

(1)降雨量数据:具有至少 3 个气象站点的日降雨量数据;

(2)土地利用图:研究区域最新的土地利用图,格网精度 1 km 以内,Shapefile 或 GRID 格式;

(3)土壤图:研究区域 10 年内土壤图,格网精度 1 km 以内,Shapefile 或 GRID 格式;

(4)行政区划图:研究区域最新县级行政区划图,Shapefile 或 GRID 格式。

1.4　系统或硬件要求

1.4.1　操作系统要求

计算机需配备下列操作系统之一:

· Windows 7 旗舰版、企业版、专业版和家庭高级版(32 位和 64 位);

- Windows Vista 旗舰版、企业版、商用版和家庭高级版(32 位和 64 位);
- Windows XP 专业版和家庭版(32 位和 64 位)。

1.4.2　硬件要求

- 处理器:Intel Pentium 4、Intel Core Duo 或 Xeon 处理器,最低 2.2 GHz,推荐多核或超线程;
- 内存:最小 2 GB;
- 磁盘空间:最小 2.4 GB;
- 交换空间:取决于操作系统,最小为 500 MB;
- 视频/图形适配器:最小 64 MB RAM,建议使用 256 MB RAM 或更高配置。

1.4.3　所需软件

- ArcGIS Desktop 10.1 地理信息系统软件,.NET Framework 3.5 SP1;
- IBM SPSS 20.0 统计分析软件。

1.5　施肥情况调查方法

1.5.1　调查点位确定

调查点位的确定采用整群抽样法进行确定,由于当地施肥水平具有较强的地域性,因此需先按地理特征进行分群。其调查步骤如下:

(1)按照行政区划和水稻田分布图,利用网格法划分调查区块,并对其进行编号,区块的划分需考虑地理阻隔等因素影响;

(2)分别在每个调查区块内随机布设调查点位,并对其进行编号,单个区块内点位应分布均匀,防止大量点位聚集在小面积范围内;

(3)依次布设完各调查区块的点位后,从研究区域总体上对部分间距过大或过小的点位进行调整或删减,保持研究区域内调查点位样本量不得少于 30 个,以多为佳。

1.5.2　施肥情况记录

按照事先设定的调查点位,合理安排调查顺序。单个点位的施肥情况调查,应以问卷或入户询问的方式,记录 5 户及 5 户以上从事水稻种植业农户的施肥情况。施肥情况调查记录表如表 1-1 所示。

表 1-1　施肥情况调查记录表

1. 户主		2. 地址	县乡(镇)村组			
3. 调查区块编号			4. 点位编号			
5. 地块位置		经度纬度				
6. 地块种植模式		7. 水分管理方式				
该点位不同农户施肥状况						
序号	肥料种类	施氮量	施磷量	施肥时间	施肥方式	备注

1.6　稻田田面水氮磷动态变化规律测算方法

(1) 试验小区设计:对整个田块进行平整和田埂修筑,建立试验小区,单个小区面积应不小于 2 m²,田埂应进行包膜处理,防止小区之间相互串流,且田埂高度高于稻田排水口高度。试验小区四周应设置宽度不小于 1 m 的试验保护区。

(2) 化肥施用:根据前期调查结果,设计 5 个施肥水平进行施肥,施肥水平间距视调查结果中施肥量统计分布而定。每个施肥水平设计 3 个平行,保证数据的可靠性。施肥时间及分次施肥比例按照当地农事操作习惯进行。

(3) 取样测定:于施肥后第 1、2、3、5、7、9、18、27 天,分别对各小区进行取样,取样过程中同一小区应采集多处田面水混合样。水样进行相应预处理后,带回实验室于 24 小时内进行分析,分析方法参见《水和废水监测分析方法》(第 4 版)。每日取样完毕后应分别给各小区灌水,保持与前一天水位相同。

(4) 数据处理:利用 SPSS 20.0 统计分析软件对所得数据进行拟合,拟合方程为 $y = (A \times P + b)e^{-kt} + c$,其中 y 为施肥 t 天后田面水中污染物浓度;P 为施肥量;t 为施肥后天数;A、b、k、c 均为相关参数。

1.7　稻田氮磷降雨径流流失负荷估算模型构建

1.7.1　输入文件准备

模型所需的不同图件作为输入文件之前须进行投影、重分类等。

1）施肥量及降雨量空间插值

（1）ArcGIS—Tools—Add XY Data，将施用量用 Excel 导入，如图 1-3 所示。

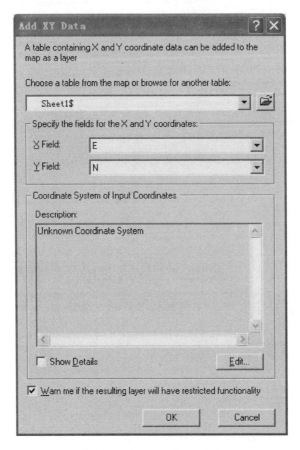

图 1-3　Add XY Data 工具

（2）对导入的图层右键 Export Data 将图层转成 point. shp，如图 1-4 所示。

（3）插值方法可选择 Kriging 插值或 IDW 插值。进行插值时，点击 Environment，将 general settings 中的 extent、geodatabase settings 中的 XY domin、raster analysis settings 中的 mask 均改为研究区域的边界图；点击确定插值得到结果，如图 1-5 所示。

2）图件统一投影

为了方便图件统一管理及模型应用，推荐所有图件统一选择 Albers 等积投影，图件地理坐标系统一为 WGS1984。若原始图件与此坐标系不同，可在 Arctoolbox 中 Project 命令进行修改，如图 1-6 所示。

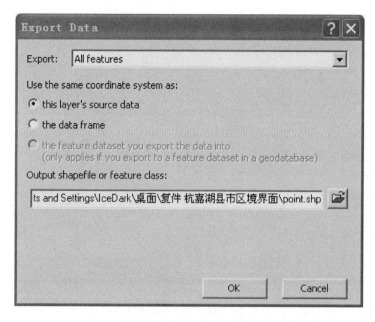

图 1-4　Export Data 工具

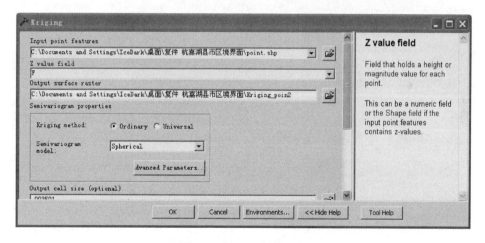

图 1-5　Kriging 插值工具

3）土壤图重分类

根据土壤图对应的土壤类型代码表,按照土壤亚类进行重分类,土种和土壤亚类的对应关系见《中国土壤分类与代码（GB/T 17296—2009）》。重分类采用 ArcGIS—Arctoolbox—3DAnalysis—栅格重分类—重分类工具进行赋值,如图 1-7 所示。

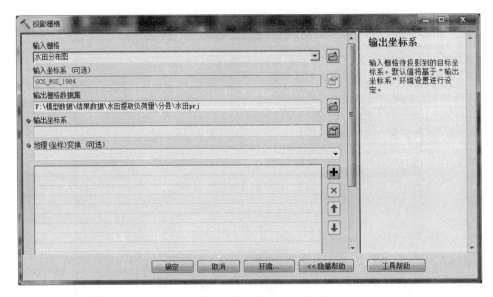

图 1-6　栅格投影工具

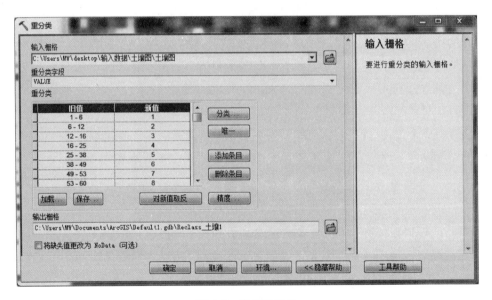

图 1-7　重分类工具

4）水田分布图提取

利用 ArcGIS—Arctoolbox—Spatial Analyst—提取分析—按属性提取工具进行提取，利用 SQL 语句选择水稻田对应的 VALUE 值，如图 1-8 所示。

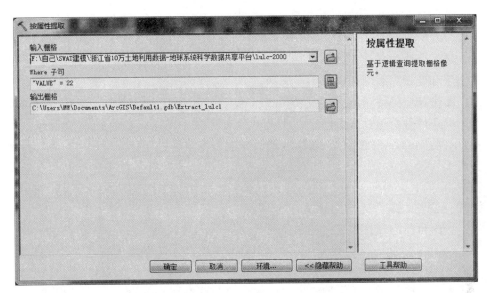

图 1-8　按属性提取工具

1.7.2　单次稻田氮磷降雨径流流失负荷估算

单次降雨所产生的径流污染负荷采用 ArcGIS 中的栅格计算器进行计算。打开 ArcGIS—Arctoolbox—Spatial Analyst—地图代数—栅格计算器，如图 1-9 所示。

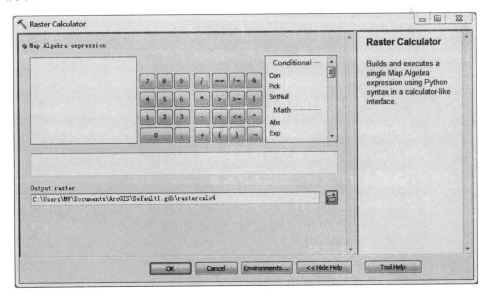

图 1-9　栅格计算器工具

按照径流负荷计算公式 $Q_i = A[C_{R_i}R_2 + H_1(C_{1_i} - C_{R_i})(1 - e^{-R_2/H_0})]$，将各图层及参数进行叠加计算。

将上述公式转化为以栅格计算器计算语句的语法为标准的 Python 语法，可在图层和变量列表中选择要用在表达式中的数据集和变量；并且，通过在工具对话框中单击相应的按钮，也可将数值和数学运算符添加到表达式中。系统还提供了常用的条件分析工具和数学工具的列表。表达式中图层名称将括在双引号（""）中，示例："inlayer"；长整型、双精度型或布尔型变量将括在百分号（％％）中，这些变量无须括在引号中，示例：%scale_factor%；表示数据集名称或字符串的变量应括在引号和百分号（"％％"）中，示例：inraster；如果是在变量列表中进行选择的，则其会在表达式中变为 "%inraster%"。

径流负荷计算公式表述如下：

Output raster＝float(％A％) ＊ (float(％C_{Ri}％) ＊ "％R_2％" + "％H_1％" ＊ ("％C_{1i}％" － float(％C_{Ri}％)) ＊ (1－Exp(－"％R_2％" / "％H_0％")))

若需要按不同土壤类型确定不同的计算公式系数，应采用条件语句 Con() 进行计算，Con() 语句的基本语法如下：

Con(conditional, true_raster, false_raster)

例如：Con(in_conditional_raster, true_raster, {false_raster})，该式将计算所有大于 5 的值的正弦和所有小于或等于 5 的值的余弦，并将结果发送至 OutRas 中。另外，可以在条件函数工具中嵌套另一个条件函数工具，如：

OutRas＝Con(InRas1＞23, 5, Con(InRas1＞20, 12, Con((InRas1＞2)&(InRas1＜17), Sin(InRas1), 100)))

通过不同运算符和栅格图层及常数的组合，可以实现径流流失负荷的计算。

1.7.3 多次稻田氮磷降雨径流流失负荷估算

多次降雨径流污染负荷计算时，把降水、蒸发、田面水管理、田面水氮浓度变化、径流、径流流失等因素作为一个系统，分别以前一日的各参数和气象信息作为输入，得到后一日的各参数，用于模型计算，便可以建立连续的负荷模拟计算模型，用于对整个稻季或者多年的稻田降雨径流负荷进行估算。推荐采用 GIS 编程的方式进行，对每个栅格进行迭代。

1.8 适用范围与注意事项

1.8.1 适用范围

本方法适用于平原区稻田非点源污染物径流流失负荷估算。该方法在本质上是一个半经验式的黑箱模型,对污染物在稻田中的迁移转化过程做了简化处理,因此针对精度要求较高的污染负荷估算的适用性不强。

1.8.2　注意事项

(1)本方法中 ArcGIS 软件仅作为模型构建的推荐途径,但在实际使用过程中可以通过其他具有相似功能的 GIS 软件完成模型构建,或者采用 GIS 编程的方法完成上述步骤,不会对最后结果产生影响。

(2)由于施肥时间、排水口高度、田面水管理措施等因素通常具有随机性,并没有明显的空间分布特征,因此在有条件的情况下,可以通过先大量基础调查,再统计分析的方法,确定其正态分布情况,并根据得到的结果,在 GIS 环境中进行相应的随机赋值的方法。

(3)本方法中部分参数(如蒸发量、植物蒸腾量)在有相应实测资料的情况下应采用实测资料,没有实测资料时可用历史均值或经验方程代替。

1.9　产排污系数现有报道

近年来,国内外学者均对稻田的氮磷流失进行了大量研究,利用 SPSS 统计软件对 50 篇文献中的 175 条稻田氮磷流失负荷数据进行分析,其频率分布图如图 1-10 所示。

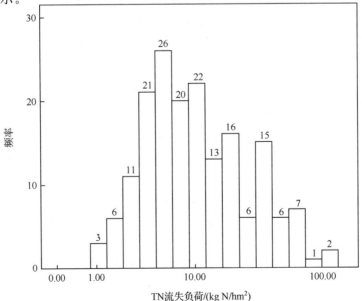

图 1-10　文献报道中的稻田氮素流失负荷频率分布图

从上述文献中可以看出,稻田的氮磷流失受诸多因素的影响,施肥水平、土壤类型、轮作方式、降雨量等均能在一定程度上影响稻田系统氮磷向环境的迁移转化;稻田氮磷流失是一个受多因素制约的复杂过程。但总体上看,施肥水平对稻田氮磷流失的影响较为显著,施肥量大的稻田氮磷流失相对较大。

稻田氮素流失负荷(kg N/hm²)的均值为16.63,中值为8.87,极小值为1.02,极大值为129。其箱图如图1-11所示。

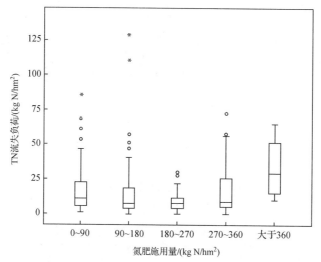

图1-11　文献报道中的稻田氮素流失负荷箱图

稻田磷素流失负荷(kg P/hm²)频率分布图如图1-12所示。

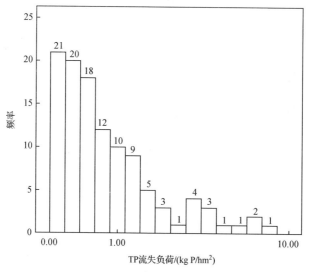

图1-12　文献报道中的稻田磷素流失负荷频率分布图

稻田磷素流失负荷(kg P/hm²)的均值为 1.11,中值为 0.53,极小值为 0.06,极大值为 8.72。其箱图如图 1-13 所示。

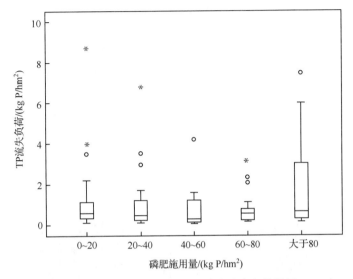

图 1-13　文献报道中的稻田磷素流失负荷箱图

1.10　平原区稻田非点源产排污系数核算实例

1.10.1　杭嘉湖平原简介

杭嘉湖平原位于太湖以南,该地区地势极为低平,河网密布,有京杭大运河穿过。该地区包括杭州、嘉兴、湖州三市,如图 1-14 所示。

杭嘉湖平原作为中国商品粮基地,是浙江省最大的产粮区,自古以来便是富庶的"鱼米之乡"。但随着工业化、城市化和农业现代化的发展,水环境质量日益恶化。在工业点源污染得到基本控制的同时,该地区农业非点源污染问题普遍比较突出,除中小规模的各种养殖废弃物和农村分散的生活污水的排放原因外,农田化肥流失及其对环境的影响日益严重,并且受到人们的关注(王婧,2007)。据浙江省农业农村污染调查表明,杭嘉湖地区的化肥施用量平均为 443.26 kg/hm²,高于 375 kg/hm² 的全国水平,按照氮素利用率的数据计算得到的纯氮流失量为 4975 万吨/年,平均流失率为 23%(钱秀红等,2002)。在降雨条件下,大量氮磷肥特别容易通过降雨径流和渗滤淋溶作用损失,污染地表和浅层地下水。化肥的不合理施用及氮磷的大量流失不仅在经济上造成巨大损失,还对水体环境构成了很大的危害。

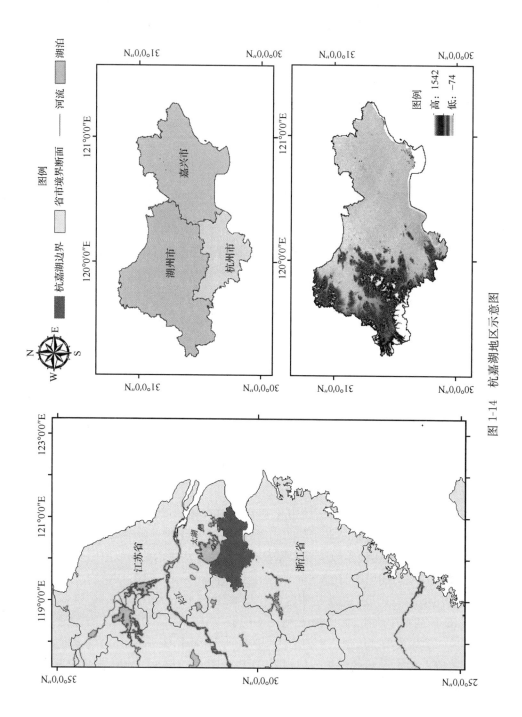

图 1-14　杭嘉湖地区示意图

1.10.2　杭嘉湖平原施肥情况调查

按照前述方法,研究区域内布设的调查点位分布如图 1-15 所示。

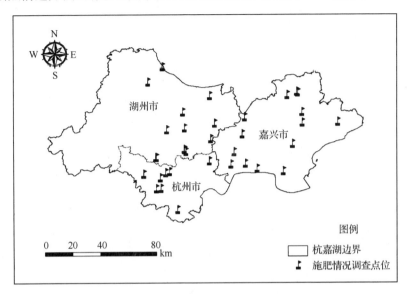

图 1-15　施肥情况调查点位图

按照事先设定的调查点位,合理安排调查顺序,每个点位以问卷或入户询问的方式,记录 5 户及 5 户以上从事水稻种植业农户的施肥情况。施肥情况调查的主要内容包括施肥量、施肥方式、施肥种类等。2013 年 5 月完成对杭嘉湖地区内水稻种植施肥情况的调查,各点位的化肥施用量如表 1-2 所示。

表 1-2　杭嘉湖地区化肥施用量调查结果

调查点位	北纬/ (°)	东经/ (°)	每亩稻田氮肥施用量	每亩稻田其他 化肥施用量	折合纯氮/ ($kg\ N/hm^2$)
1	30.88	120.78	尿素 50 kg	—	344.83
2	30.90	120.85	尿素 45 kg	—	310.34
3	30.90	120.85	尿素 45 kg	—	310.34
4	30.77	120.88	尿素 45 kg+碳铵 35 kg	复合肥 40 kg	310.34
5	30.71	120.88	尿素 42.5 kg	复合肥 15 kg	293.10
6	30.40	120.03	尿素 45 kg	磷肥 17.5 kg	310.34
7	30.39	120.00	尿素 25 kg	复合肥 10 kg	172.41
8	30.36	119.97	尿素 42.5 kg	复合肥 15 kg	293.10
9	30.29	119.97	尿素 32.5 kg	—	224.14

续表

调查点位	北纬/(°)	东经/(°)	每亩稻田氮肥施用量	每亩稻田其他化肥施用量	折合纯氮/(kg N/hm²)
10	30.29	119.94	尿素 47.5 kg	磷肥 15 kg	327.59
11	30.38	119.86	尿素 25 kg	复合肥 5 kg	172.41
12	30.38	119.86	尿素 32.5 kg	—	224.14
13	30.49	119.94	尿素 32.5 kg	复合肥 55 kg	224.14
14	30.49	119.94	尿素 50 kg	复合肥 175 kg	344.83
15	30.54	120.12	尿素 27.5 kg		189.66
16	30.53	120.12	尿素 30 kg		206.90
17	30.52	120.13	尿素 40 kg	复合肥 10 kg	275.86
18	30.46	120.28	尿素 60 kg	磷肥 25 kg	413.79
19	30.66	120.01	尿素 32.5 kg	—	224.14
20	30.67	120.13	尿素 32.5 kg	复合肥 15 kg	224.14
21	30.70	120.32	尿素 45 kg	—	310.34
22	30.77	120.11	尿素 65 kg		448.28
23	30.87	120.29	尿素 37.5 kg		258.62
24	30.96	119.89	尿素 45 kg	复合肥 7.5 kg	310.34
25	30.74	120.51	尿素 40 kg		275.86
26	30.45	120.52	尿素 50 kg	—	344.83
27	30.42	120.59	尿素 50 kg	复合肥 12.5 kg	344.83
28	30.40	120.76	尿素 45 kg	复合肥 10 kg	310.34
29	30.44	120.42	尿素 60 kg	—	413.79
30	30.71	121.11	尿素 45 kg		310.34
31	30.63	120.50	尿素 40 kg		275.86
32	30.52	120.44	尿素 55 kg	复合肥 15 kg	379.31
33	30.60	120.29	尿素 32.5 kg	—	224.14
34	30.58	120.81	尿素 45 kg		310.34
35	30.16	120.08	尿素 58.3 kg	复合肥 25 kg	402.31
36	31.06	119.98	尿素 42.5 kg	复合肥 7.5 kg	293.10

注：1 亩 ≈ 666.7 m²。"—"代表不施用其他化肥

　　将结果利用 ArcGIS 进行 IDW 插值,得到杭嘉湖稻田氮素施用量分布图,如图 1-16 所示。

　　通过前期的化肥施用量调查发现,杭嘉湖地区农民在日常农事管理中通常不单独施用磷肥,而是将同时含有 N、P、K 的复合肥作为基肥施用,满足作物的磷元素需求。因此,在本研究中为了研究需要,假设该地区农民在施基肥时均选择磷含

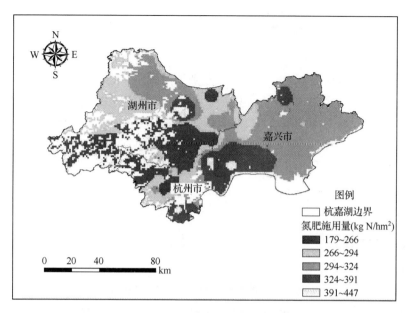

图 1-16　杭嘉湖地区氮肥施用量插值图

量适中的"NPK15-15-15"复合肥进行施用,磷肥施用量根据表 1-2 中该地区的氮肥施用量进行折算,即磷肥施用量＝氮肥施用量×0.2,计算后的杭嘉湖地区磷肥施用量如图 1-17 所示。

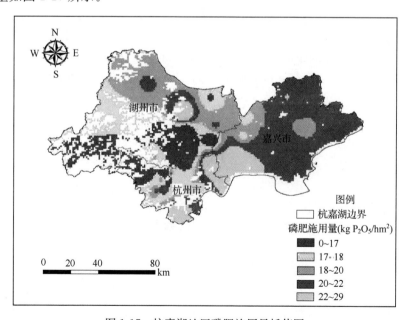

图 1-17　杭嘉湖地区磷肥施用量插值图

1.10.3 氮磷动态变化规律研究

由于田面水浓度变化与土壤类型有着密切关系,因此本研究选取杭嘉湖平原中四类水稻土进行研究,如表 1-3 所示,分别为淹育型水稻土、渗育型水稻土、潴育型水稻土和脱潜型水稻土,四种土壤类型占了杭嘉湖地区水稻土的 99.7%。

表 1-3　土壤类型信息

序号	土壤亚类	土种	采样点位置
1	淹育型水稻土	湖松田	长兴芦头港村
2	渗育型水稻土	小粉田	桐乡泉溪村
3	脱潜型水稻土	青紫泥田	嘉善东路家河村
4	潴育型水稻土	黄斑田	桐乡田坂村

实验各处理梯度为 N：0、90 kg N/hm^2、180 kg N/hm^2、270 kg N/hm^2、360 kg N/hm^2,分三次施用;苗肥：分蘖肥：穗肥＝20%：40%：40%;P 梯度为 0、20 kg P$_2$O$_5$/hm^2、40 kg P$_2$O$_5$/hm^2、60 kg P$_2$O$_5$/hm^2、80 kg P$_2$O$_5$/hm^2,一次性作为基肥施入。三次施肥时间分别为 2013-06-25、2013-07-13、2013-09-02,将灌溉水注入小区中,田面水高度为 3.5 cm。于施肥后第 1、2、3、5、7、9、18、27、85 天,分别记录各小区田面水高度,并用注射器分别取各小区水样 50 mL。取样完毕后给各小区补充蒸腾作用散失的水分,田面水保持在 3.5 cm 高度。水样进行相应预处理后,带回实验室进行分析,指标包括总磷(TP)、总氮(TN)、氨态氮(NH$_4^+$-N)、溶解态反应磷(DRP)。

不同施肥水平下的田面水中 TN 浓度的变化均具有明显的规律性(图 1-18)。基肥施入后,田面水中 TN 浓度在第一天便达到最大值,随后迅速呈指数型衰减,一周后降至最大值的 13%～28% 之间;随后 TN 浓度的下降逐渐趋缓,并最终维持在一个相对平衡的位置。由此可见,施氮后一周是防止农田径流流失的关键时期,只要在一周内不发生径流或者不进行排水,其 TN 的流失潜能将大大降低,这与前人研究结论基本一致(Cho et al. ,2001;Choudhury et al. , 2005；施泽升等,2013)。

分蘖肥与穗肥施用后导致的田面水中 TN 浓度变化过程与基肥施用后基本一致,除 CK 处理外,均经历了"迅速升高—指数型下降—趋于平衡"的过程;但其下降速度比基肥施用后更快。施用基肥 2 天后田面水中 TN 浓度为施肥 1 天后的 72%～92%,而施用分蘖肥和穗肥 2 天后田面水中 TN 浓度分别为施肥 1 天后的 41%～64% 和 37%～60%(CK 除外)。这可能是由于施基肥期间水稻尚处于幼苗返青期,根系不发达,对养分的吸收较慢导致的(李慧,2008)。此外,施肥期的环境温度也会显著地影响田面水中 TN 的衰减,后两次施肥后 1 周内气温较高,而基肥施用 1 周内气温较低,因此后两次施肥后田面水向大气氨挥发的速率较高,导致 TN 浓度下降较快。

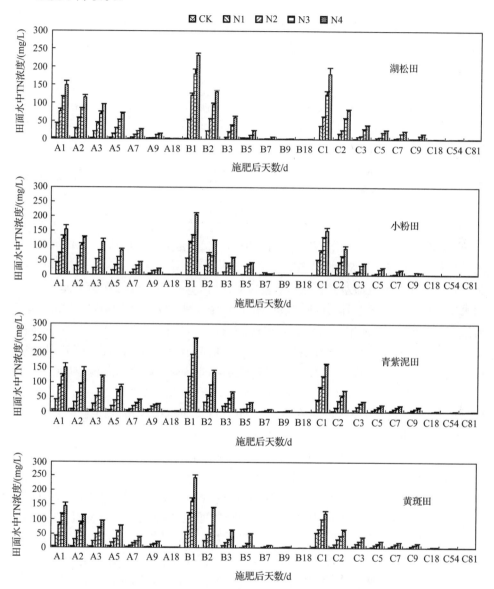

图 1-18　氮肥施入后田面水中 TN 浓度随时间变化情况

A、B、C 分别代表基肥、分蘖肥和穗肥;A1 代表基肥施用后一天,以此类推;CK 表示施入 0 kg N/hm²,N1 表示施入 90 kg N/hm²,N2 表示施入 180 kg N/hm²,N3 表示施入 270 kg N/hm²,N4 表示施入 360 kg N/hm²

另外,由图 1-18 可以看出,施肥后 1 天田面水中的 TN 浓度值与施肥量呈显著的线性相关,若以线性方程进行拟合,其 R^2 均达到 0.97 以上(表 1-4)。但不同土壤类型之间的拟合方程斜率存在差异,其中分蘖期和抽穗期最为明显,这可能与不同土壤类型的理化性质有关。

表 1-4　施肥后 1 天田面水中 TN 浓度与施氮量关系

土壤类型	基肥	分蘖肥	穗肥
湖松田	$y=36.37x-31.82$ $R^2=0.999$	$y=58.56x-58.07$ $R^2=0.997$	$y=44.73x-52.95$ $R^2=0.974$
小粉田	$y=39.03x-39.69$ $R^2=0.996$	$y=48.96x-45.60$ $R^2=0.983$	$y=36.27x-24.46$ $R^2=0.988$
青紫泥田	$y=36.59x-29.78$ $R^2=0.996$	$y=62.95x-63.21$ $R^2=0.998$	$y=40.27x-40.41$ $R^2=0.999$
黄斑田	$y=35.34x-29.32$ $R^2=0.998$	$y=59.50x-63.77$ $R^2=0.992$	$y=26.00x-7.757$ $R^2=0.980$

磷肥施入后,四种水稻土田面水中 TP 浓度变化趋势基本相同(图 1-19),均经历了"升高—下降—稳定"的动态变化过程;但相同施磷水平下,不同土壤类型下的田面水 TP 浓度数值却差异较大。除 CK 处理外,其他四种处理在磷肥施入后,田面水中 TP 浓度迅速上升,并在施磷后第 1 天就达到了峰值,但不同土壤类型间峰值浓度相差较大;田面水中 TP 浓度在达到峰值后,呈指数形式迅速下降,一周后田面水中 TP 浓度基本降低峰值的 15.5%～36.4%,此后 TP 浓度下降趋势变慢,最终保持在一个相对稳定的水平。但本试验与同类研究相比,相同施磷水平下田面水 TP 浓度数值上存在较大差异,这主要是由田间水分管理措施不同导致的,其他研究中通常保持田面水浓度在 8～10 cm 左右,而本试验根据当地农事操作习惯,田面水高度较低,由此导致本试验中 TP 浓度偏高。

图 1-19 中磷肥施入后田面水中 TP 浓度随时间变化情况表明,在施肥后 1 天的田面水中,TP 浓度与施肥量也呈显著的线性相关,其 R^2 均达到 0.98 以上(表 1-5)。但不同土壤类型在施磷后田面水浓度存在较大差异,特别是小粉田对于其他三种土壤类型差异极为明显。以 P80 处理为例,湖松田、小粉田、青紫泥田和黄斑田的 TP 浓度分别为 14.03 mg/L、23.77 mg/L、15.31 mg/L 和 11.53 mg/L,最大值比最小值浓度高 106%,这主要与不同土壤的理化性质有关。土壤吸附作用与下渗作用是田面水中磷素的两个重要去向;章明奎等(2008)对杭嘉湖地区 8 种典型土壤的吸附和固定释放特性研究表明,该地区土壤的最大磷吸附容量主要与黏粒和有机质含量有关,其相关系数分别为 0.96 和 0.84;另外,李卓(2009)通过研究认为,土壤容重、机械组成均与表征土壤下渗能力的稳定入渗速率之间呈极显著的负相关关系;由此可见土壤的不同理化性质会影响田面水磷素的吸附和下渗。由表 1-5 可知,小粉田的最大磷吸附容量仅为 405.3 mg/kg,而湖松田、青紫

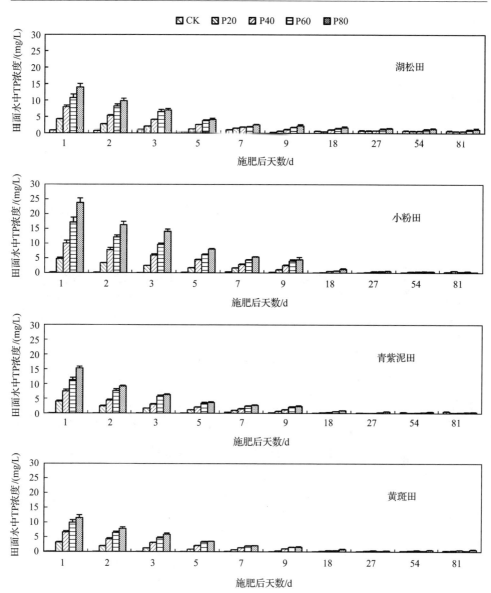

图 1-19　磷肥施入后田面水中 TP 浓度随时间变化情况

CK 表示施入 0 kg P$_2$O$_5$/hm^2，P20 表示施入 20 kg P$_2$O$_5$/hm^2，P40 表示施入 40 kg P$_2$O$_5$/hm^2，

P60 表示施入 60 kg P$_2$O$_5$/hm^2，P80 表示施入 80 kg P$_2$O$_5$/hm^2

泥田和黄斑田的最大磷吸附容量分别为 491.5 mg/kg、645.2 mg/kg 和 697.6 mg/kg，小粉田土壤对磷的吸附性能明显较弱；且小粉田土壤黏粉粒含量较高，容重较大，导致其稳定入渗率仅为 0.08 mm/min，田面水下渗极为缓慢，而表层土壤吸附能力有限，土壤 P 吸附容量小和下渗缓慢两个因素共同导致磷素大量存于田面水

中,与其他三种土壤相比,小粉田田面水中磷素浓度相对较高。

表 1-5　施肥后 1 天田面水中 TP 浓度与施磷量关系

土壤类型	拟合方程	R^2
湖松田	$y=3.271x-2.196$	0.998
小粉田	$y=5.943x-6.626$	0.991
青紫泥田	$y=3.573x-3.267$	0.998
黄斑田	$y=2.961x-2.608$	0.987

化肥施入后田面水中 TN、TP 浓度随时间的变化具有明显的规律,因此可以利用方程对其变化规律进行表征,用于预测和估算其变化趋势。张志剑等(2001)、周萍等(2007)均利用形式为 $y=Ae^{-kt}+c$ 的指数方程对不同施磷水平下的田面水中 TN、TP 浓度动态变化进行表征,其拟合效果良好,但该方程仅在固定施肥水平下进行拟合,自变量仅为时间 t,并没有考虑其他自变量,但前述分析表明,施肥后田面水 TN、TP 峰值浓度与施肥水平呈良好的线性相关。因此,在本研究中将施肥水平与时间 t 一起作为自变量,利用 SPSS 20.0 对其进行拟合,拟合方程表达式如下:

$$y = (A \times P + b) \times e^{-kt} + c$$

式中,y 为施肥第 t 天后田面水中磷浓度(mg/L);P 为施肥水平(kg P_2O_5/ hm^2);t 为施肥后天数(d);A、k、b、c 为相关参数。

施肥后田面水中 TN 浓度动态变化模式表征方程的拟合参数如表 1-6 所示。

表 1-6　施肥后田面水中 TN 浓度动态变化模式表征

土种	水稻土亚类	施肥类别	A	b	k	c	R^2
湖松田	淹育型	基肥	2.620	3.300	0.245	0.000	0.988
		分蘖肥	3.216	2.640	0.686	1.110	0.993
		穗肥	2.351	1.340	0.732	1.210	0.952
小粉田	渗育型	基肥	2.704	0.000	0.206	0.000	0.989
		分蘖肥	2.352	0.150	0.546	0.670	0.964
		穗肥	2.005	2.130	0.609	0.740	0.978
青紫泥田	脱潜型	基肥	2.585	6.200	0.195	0.000	0.984
		分蘖肥	3.366	0.260	0.667	0.720	0.993
		穗肥	2.209	2.130	0.718	1.002	0.965
黄斑田	潴育型	基肥	2.471	4.500	0.222	0.000	0.989
		分蘖肥	3.156	0.200	0.680	0.879	0.975
		穗肥	1.565	3.730	0.627	0.860	0.938

　　与 TN 不同的是,TP 浓度动态变化模式表征还须考虑土壤本身含磷量的影响。研究表明(傅朝栋等,2014),土壤类型和施磷水平对田面水中磷浓度影响效应存在阶段性。在施磷前期,田面水中 TP、DRP 的浓度受施磷水平与土壤类型的共同影响;磷素的输入在一定时间内能显著地提高田面水中 TP 水平,但这种提升效应持续时间有限,施磷水平对田面水中 TP 浓度的影响会随着距离施磷时间的延长而逐渐减弱,后期田面水中 TP、DRP 浓度主要与土壤类型有关。因此,在本研究中将施磷水平、土壤本身含磷量作为变量,利用 SPSS 20.0 对其进行拟合,拟合方程表达式如下:

$$y = (A \times P + b) \times e^{-kt} + (c \times p + d)$$

式中,y 为施磷第 t 天后田面水中磷浓度(mg/L);P 为施磷水平(kg P$_2$O$_5$/ hm^2);t 为施磷后天数(d);p 为土壤含磷量(g/kg);A、k、b、c、d 为相关参数。

　　施肥后田面水中 TP 浓度动态变化模式表征方程的拟合参数如表1-7所示。

表1-7　施肥后田面水中 TP 浓度动态变化模式表征

土种	水稻土亚类	A	b	k	c	d	R^2
湖松田	淹育型	0.231	0.602	0.343	0.478	0.528	0.988
小粉田	渗育型	0.341	0.268	0.238	0.099	0.162	0.984
青紫泥田	脱潜型	0.253	0.134	0.372	0.215	0.363	0.979
黄斑田	潴育型	0.199	0.214	0.336	0.197	0.252	0.986

1.10.4　杭嘉湖地区稻田降雨径流流失负荷估算系统构建

1)输入文件准备

　　本研究所采用的气象数据由国家科技基础条件平台——中国气象科学数据共享服务网(http://www.escience.gov.cn/metdata/page/index.html)及浙江省水文局提供,共计18个站点,其中杭州5个、湖州2个、嘉兴7个、临安4个。气象数据包括站点经纬度坐标及2008~2012年逐日降雨量信息。气象站点具体分布如图1-20所示。

　　杭嘉湖地区行政区划图来源为浙江省行政区划图,利用 ArcGIS—Arctoolbox—Analysis tool—Clip 工具进行切割而成。切割后的杭嘉湖行政区划图如图1-21所示。

　　杭嘉湖地区土壤图:该图原始图件取自联合国粮食及农业组织(FAO)网站(http://faostat.fao.org/)所提供的 HWSD 数据集。根据土壤图对应的土壤类型代码表,按照土壤亚类进行重分类。重分类采用 ArcGIS—Arctoolbox—3DAnalysis—栅格重分类—重分类工具进行赋值。重分类后的土壤图如图1-22所示。

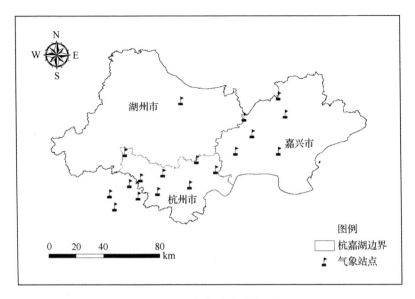

图 1-20　气象站点分布图

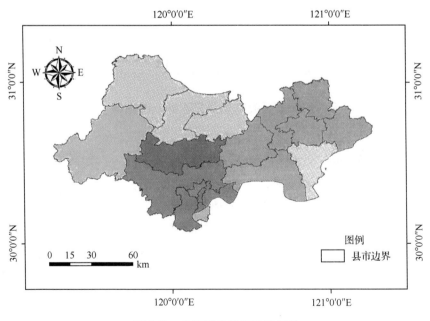

图 1-21　杭嘉湖地区行政区划图

杭嘉湖地区水田分布图：该图源自地球系统科学数据共享平台中浙江省1∶10万土地利用数据，利用 ArcGIS—Arctoolbox—Spatial Analyst—提取分析—按属性提取工具进行提取，利用 SQL 语句选择水稻田对应的 VALUE 值，将其进行栅

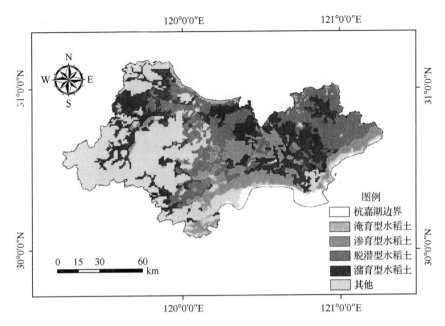

图 1-22 杭嘉湖地区土壤图

格提取。提取得到水稻田分布图如图 1-23 所示。

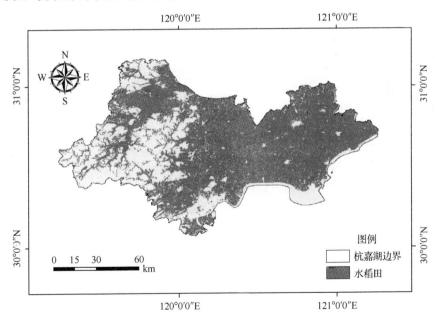

图 1-23 杭嘉湖地区水田分布图

2）基于 Model Builder 的稻田降雨径流流失负荷估算系统构建

稻田氮素多次降雨径流负荷计算以栅格为计算基本单元,将不同栅格图层的对应栅格值按日步长进行迭代运算;每次迭代均包含水量平衡、初始浓度计算和负荷输出模块三个部分,各模块均以第 $n-1$ 天的各个参数作为第 n 天的输入数据,结合第 n 天的降雨量、蒸发量数据,按照模块内预设的公式计算第 n 天的各个参数,并生成包含新值的栅格图层,其对应的栅格值又作为第 $n+1$ 天的各个公式的输入数据,以此循环,直至计算结束;第 1 天的计算以各种基础资料和实际调查得到的数据作为初始数据。

在本实例中,多次降雨径流负荷模型构建采用 ArcGIS 10.1 中自带的建模工具 Model Builder 进行。从 ArcGIS—Model Builder 中打开该工具,其界面如图 1-24 所示。

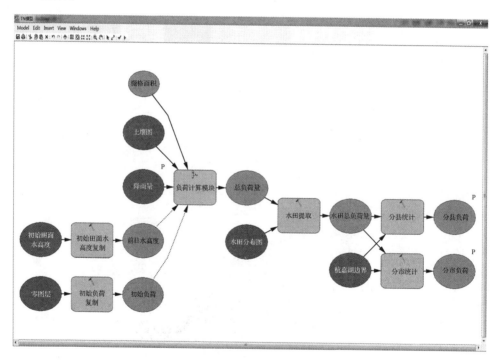

图 1-24　Model Builder 界面

降雨是稻田径流流失的主要驱动力,因此本研究利用 Model Builder 迭代行选择工具对整个稻季的降雨数据进行迭代,依次作为模型的降雨量输入,实现模型的日步长连续模拟。迭代行选择工具可以依次对输入表格中的每一行数据进行迭代,依次作为输出行,如图 1-25 所示。

从迭代输出文件的输出行中分别读取各气象站点的当日降雨量并赋值给相应

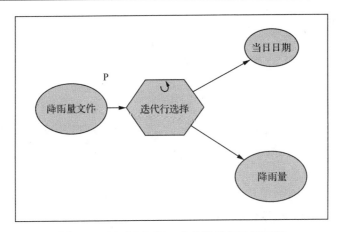

图 1-25　Model Builder 中的迭代行选择工具

站点,再对各站点的降雨量进行 Kriging 插值,得到研究区域内各栅格单元的当日降雨量。

得到降雨量图层后,执行水量平衡模块,模块的原理是:第 2 天田面水初始量＝第 1 天田面水初始量＋第 1 天灌溉水量＋第 1 天降雨量－第 1 天径流水深－第 1 天蒸发高度。

灌溉量的计算原则是:当日田面水高度小于田面水最低高度时,注水灌溉至田面水最高高度;当日田面水高度大于田面水最低高度时,不进行灌水。

径流水深计算原则是:当日降雨后田面水高度高于排水口高度时,发生径流,径流量＝前日田面水初始高度＋降雨量－排水口高度;否则不发生径流。

模型分为水量平衡模块、初始浓度计算模块和负荷输出模块三部分,其公式如下所述。

(1) 水量平衡模块。

水量平衡的各计算公式如下:

径流量:

当 $H_R^n > (H_{max} - H^n)$ 时,

$$H_{Rf}^n = H_R^n - (H_{max} - H^n)$$

当 $H_R^n \leqslant (H_{max} - H^n)$ 时,

$$H_{Rf}^n = 0$$

灌溉水量:

当 $(H^n + H_R^n - H_{Rf}^n - H_e^n) < H_{min}$ 时,

$$H_I^n = H_{max} - (H^n + H_R^n - H_{Rf}^n - H_e^n)$$

当 $(H^n + H_R^n - H_{Rf}^n - H_e^n) \geqslant H_{min}$ 时,

$$H_I^n = 0$$

田面水初始高度:

当 $n=0$ 时,

$$H^{n+1} = H_0$$

当 $n>0$ 时,

$$H^{n+1} = H^n + H_R^n - H_{Rf}^n - H_e^n + H_I^n$$

式中, H_{max} 为稻田排水口高度,单位为 m; H_{min} 为农事管理中稻田最低水深,取值为 2,单位为 m; H^n 为第 n 天田间田面水初始高度,单位为 m; H_R^n 为第 n 天降雨量,单位为 m; H_{Rf}^n 为第 n 天径流水深,单位为 m; H_e^n 为第 n 天蒸发量,单位为 m; H_I^n 为第 n 天灌溉水深,单位为 m; H^{n+1} 为第 $n+1$ 天田面水初始高度,单位为 m; H_0 为初始田面水高度,单位为 m。

(2) 初始浓度计算模块。

根据该栅格所属的水稻土亚类选择前述章节中相应拟合方程,同时计算当日距前次施肥的天数,并代入方程计算当日田面水中的初始浓度 C_s^n。

计算初始浓度时,对应规则为:若该栅格单元在水田分布图中对应的栅格单元土地利用种类为稻田,且在土壤图中对应栅格单元的土种对应的土壤亚类为水稻土,则选择该土种所属的土壤亚类下的稻田田面水氮素浓度动态变化拟合公式进行计算;若该栅格单元在水田分布图对应的土地利用种类不是稻田,或在土壤图中对应的土壤亚类不是水稻土,则不选择任何一个拟合方程进行计算, C_s^n 设为 No Data。土种和土壤亚类的对应关系见《中国土壤分类与代码(GB/T 17296—2009)》。

(3) 负荷输出模块。

第 n 天的稻田径流流失量计算公式如下:

$$Q_n = A\left[C_R^n H_{Rf}^n + H^n (C_s^n - C_R^n)\left(1 - e^{-\frac{H_{Rf}^n}{H_{max}}}\right)\right]$$

式中, Q_n 为稻田污染物流失量,单位为 g; A 为稻田面积,单位为 m²; C_s^n 为第 n 天降雨开始时水稻田表水层的氮素浓度,单位为 mg/L; H^n 为第 n 天田面水初始高度,单位为 m; H_{Rf}^n 为第 n 天径流水深,单位为 m; C_R^n 为第 n 天雨水中污染物浓度,取值为 1,单位为 mg/L; H_{max} 为稻田排水口高度,单位为 m。

施肥后 n 天内累计负荷计算公式如下:

$$Q = \sum_{i=0}^{n} Q_n$$

式中, Q 为施肥后 n 天内累计负荷流失量,单位为 g。

日蒸发蒸腾量依据历史数据,选择降雨时取 0.75 cm,不降雨时取 0.1 cm。

3) 杭嘉湖地区稻田氮磷径流流失负荷分析

(1) 氮素径流流失负荷分析。

利用上述稻田氮素径流流失负荷估算系统对杭嘉湖地区 2008～2012 年间的

稻季氮素径流流失情况进行了模拟。历年流失情况如图 1-26 所示。

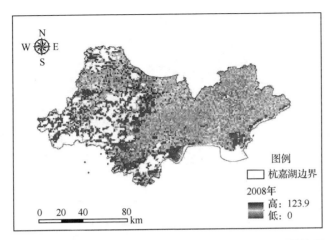

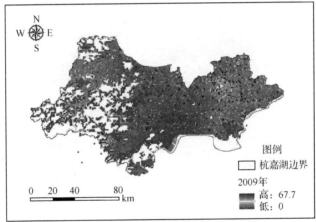

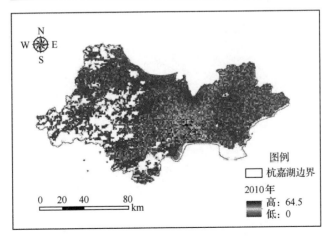

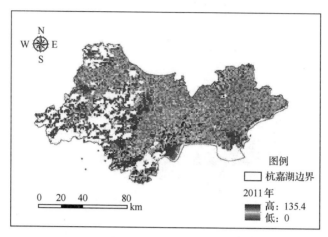

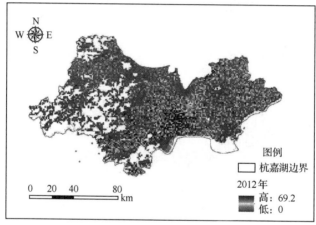

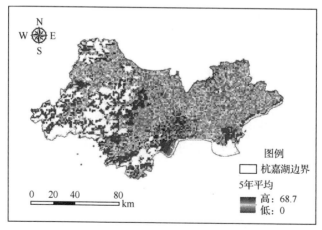

图 1-26　2008～2012 年稻季 TN 稻田径流流失负荷模拟结果

图中可以明显看出稻季稻田径流 TN 流失存在明显的时空变化特征,同一年份不同地区以及同一地区不同年份都存在显著差异。从 5 年平均值来看,南部余杭、海宁一带流失量最大,安吉、长兴一带次之,中部德清平原流失量最低。这是由于余杭、长兴地区氮肥施用量高于其他地区,导致田面水及径流中 TN 浓度也相应升高,流失加剧;而安吉、长兴一带属于西部山区,具有降雨量大、降雨集中等特点,在其他条件相同时也会导致流失加剧。

另外,不同年份间稻田径流流失负荷也存在显著差异(表 1-8),氮肥表观流失率在 0.24%~26.38% 之间波动,最高与最低年均流失负荷可达数十倍之差,这与不同年份的降雨情况差异有关。

表 1-8　2008~2012 年分市稻田 TN 流失情况

年份	地级市	平均负荷/ (kg N/hm²)	全市总流失负荷/ t	平均氮素施用量/ (kg N/hm²)	氮肥表观流失率/ %
2008	嘉兴	59.62	212.41	317	18.81
	湖州	59.11	220.07	277	21.34
	杭州	48.31	60.49	295	16.38
2009	嘉兴	1.54	5.49	317	0.49
	湖州	0.99	3.70	277	0.36
	杭州	0.72	0.90	295	0.24
2010	嘉兴	14.51	51.71	317	4.58
	湖州	6.76	25.15	277	2.44
	杭州	5.50	6.89	295	1.87
2011	嘉兴	83.63	297.98	317	26.38
	湖州	59.68	222.18	277	21.54
	杭州	64.29	80.49	295	21.79
2012	嘉兴	23.21	82.69	317	7.32
	湖州	9.54	35.51	277	3.44
	杭州	18.86	23.61	295	6.39

由于降雨是造成稻田氮素径流流失的主要驱动力,降雨量和降雨发生的时间均会对稻田氮素径流流失产生影响。2008~2012 年稻季降雨情况(图 1-27)显示,在苗期到穗期这段主要施肥期内,降雨量的排序依次为 2011 年>2008 年>2012 年>2010 年>2009 年,这与年均流失负荷的大小顺序基本一致。

本研究中构建的氮素径流流失负荷模型模拟的稻季稻田氮素平均流失负荷在 0.72~83.63 kg N/hm² 之间,平均流失负荷 30.42 kg N/hm²,氮肥表观流失率在

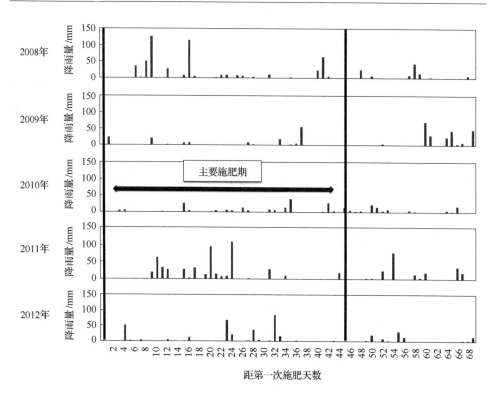

图 1-27　2008～2012 年稻季期间降雨情况

0.24%～26.38%之间,平均流失率 10.02%;与国内外学者报道的数值相比,在合理范围内。另外,国内外众多学者也通过模型模拟对稻田的氮素径流流失情况进行了模拟,其模拟结果(表 1-9)与本研究较为接近。

表 1-9　杭嘉湖及周边地区部分研究模型模拟结果

研究者	研究地点	研究方法	最大值/ (kg N/hm²)	最小值/ (kg N/hm²)	氮素流失负荷/ (kg N/hm²)	表观流失率/%	参考文献
田平	杭嘉湖	基于 SCS 的降雨-径流模型	88.82	<30.75	35.26	12.69	(田平等,2006)
李慧	南京	PRNSM 模型	82.9	1.6	24.20	9.00	(李慧,2008)

(2)磷素径流流失负荷分析。

利用磷素径流流失负荷估算系统对杭嘉湖地区 2008～2012 年间的稻季磷素径流流失情况进行了模拟。历年流失情况如图 1-28 所示。

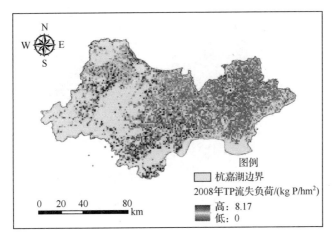

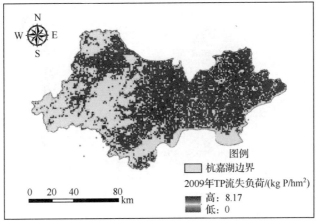

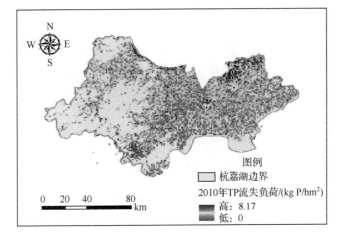

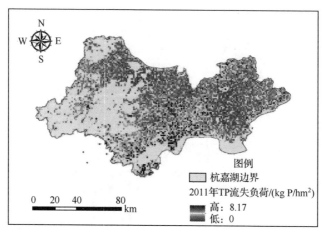

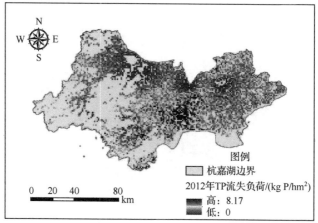

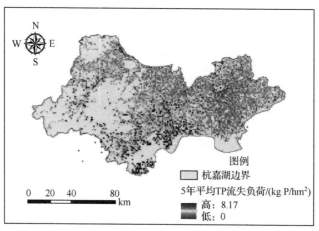

图 1-28　2008~2012 年稻季 TP 稻田径流流失负荷模拟结果

从图中可以发现,与 TN 结果类似,杭嘉湖地区稻田 TP 流失负荷分布也具有明显的时空差异性。从空间上看,海宁余杭一带由于施肥量高,导致其 TP 流失负荷也很高,历年 TP 最高流失负荷甚至达到了 8.17 kg P/hm²,而安吉一带由于地处西部山区,降雨量大于平原地区,因此其稻田径流中 TP 的流失负荷也相对较高;嘉兴地区由于施肥量及降雨量都不是很高,其 TP 流失负荷整体较其他地区小。

从时间上看,不同年际间各地级市稻田 TP 流失情况(表 1-10)差异也较大,稻田径流 TP 流失负荷最大的为 2011 年,最小的为 2009 年,年际间平均负荷差异达数十倍,这主要与不同年份降雨量差异有关,与稻田径流 TN 流失负荷的变化原因相同。2009 年由于降雨量极少,在稻季施肥期间几乎没有发生能产生径流的暴雨或连续降雨,因此其平均流失负荷也极小,近乎接近于 0。另外,从 TP 流失负荷的地市分布来看,杭州市由于稻田面积较少,且西北部余杭一带施肥量大,造成的全市 TP 流失平均负荷也大大高于其他地市,但全市总流失负荷小于其他两市;而嘉兴和湖州在不同的年份呈现出不同的对比结果,这主要是由于降雨是造成稻田氮素径流流失的主要驱动力,降雨的差异会导致径流流失负荷的数值差异。

表 1-10　2008~2012 年分市稻田 TP 流失情况

年份	地市名称	最小负荷/(kg P/hm²)	最大负荷/(kg P/hm²)	平均负荷/(kg P/hm²)	标准差	全市总流失负荷/t	平均磷肥施用量/(kg P/hm²)	表观流失率/%
2012	嘉兴市	0.00	2.42	0.40	0.26	1.12	63.40	1.77
	湖州市	0.00	1.29	0.29	0.20	0.71	55.40	1.28
	杭州市	0.00	1.32	0.57	0.19	0.42	59.00	0.71
2011	嘉兴市	0.61	7.35	1.72	0.80	4.88	63.40	7.70
	湖州市	0.52	5.05	1.61	0.57	3.95	55.40	7.13
	杭州市	1.02	7.17	2.44	1.00	1.77	59.00	3.01
2010	嘉兴市	0.00	1.48	0.32	0.16	0.91	63.40	0.51
	湖州市	0.00	1.31	0.33	0.14	0.82	55.40	0.60
	杭州市	0.00	0.72	0.24	0.15	0.17	59.00	0.41
2009	嘉兴市	0.00	0.11	0.0002	0.00	0.0006	63.40	0.00
	湖州市	0.00	0.10	0.0002	0.00	0.0006	55.40	0.00
	杭州市	0.00	0.18	0.001	0.01	0.0009	59.00	0.00
2008	嘉兴市	0.45	5.98	1.44	0.60	4.09	63.40	6.45
	湖州市	0.46	6.31	2.02	0.74	4.94	55.40	8.92
	杭州市	0.12	8.17	2.35	1.36	1.71	59.00	2.89

第 2 章 规模化养殖场产排污系数核算方法

2.1 引 言

畜禽养殖废弃物不经过处理或者处理利用设施的运行效果不佳,均会对环境造成压力。因此在畜牧业快速发展的同时,畜牧业所产生的环境污染也不容忽视,其也是农业面源污染的主要贡献者。对规模化养殖场产排污系数的研究是掌握畜禽污染状况、制订防治政策的重要依据。

目前,发达国家针对畜禽养殖业的污染排放量估算做了大量研究。如美国农业工程师学会(ASAE,2004)出版了动物粪便产生量和特性参数标准,该标准给出了不同动物的粪尿产生量及其各种污染物的产生量,类似于动物的产污系数;日本(农文协,1995)作为畜禽粪便污染防治立法最多的国家,不仅颁布了《关于畜禽排泄物的适当管理与有效利用的法律》和《畜禽排泄物的适当管理与有效利用的法律的执行细则》,在粪便特性和产排污系数方面测算了大量数据;丹麦(Poulsen et al.,1998)也有与粪便产排污系数等相关出版物。

我国在畜牧业环境污染防治对策方面也做了大量的研究,在《家畜粪便学》(王新谋,1997)和《全国规模化畜禽养殖业污染情况调查与防治对策》(国家环境保护总局自然生态保护司,2002)等著作中给出了有关粪便特性参数;国内有学者对成都市一家典型养殖场(何志平等,2010)做了相关研究,按照春夏秋冬 4 个季节对相应的不同饲养阶段生猪粪和尿中的化学需氧量(COD)、TN、TP 等污染物进行了检测,提出了规模养猪场主要污染物产排污系数;也有学者监测了牛场的产污排污系数(史鹏飞,2009)。这些系数主要是以畜禽养殖过程中的固体粪便和尿液两个部分作为研究对象,分析固体粪便含水率、有机质、TN、TP 等的浓度指标,以及尿液中的 COD、NH_3-N、TN、TP 等的浓度指标,从而获得粪尿中各种组分的产污系数(董红敏等,2011)。

事实上,畜禽养殖业的产排污系数受到畜禽种类、养殖规模、粪便清理方式、污水处理方式等不同因素的影响,不同地区或不同环境下的产排污系数差异极大。如果仅仅给出若干固定的参数,必然会导致适用性差、推广应用难等问题,无法满足中国环境污染防治的需要。因此,有必要根据区域畜禽养殖业的特点,探讨其产排污系数计算方法,为畜禽养殖业周边水环境保护,以及国家和行业有关标准制定提供科学依据。

2.2　核算方法原理与优点

畜禽养殖产排污及入河是一个复杂的过程,主要包括产生、排放、入河三个过程。在污染物由养殖场向水体迁移的过程中,其污染物负荷将受到沿程多种人为或自然环境因素的影响。因此在开展核算工作之前,应首先对规模化养殖场产排污的影响因素进行分析,从而得到畜禽养殖产排污系数的影响因素,再根据不同的影响因素选取典型养殖场进行长期定点观测。对养殖场而言,影响产排污的主要因素有畜禽种类、养殖规模、粪便清理方式、污水处理方式等。畜禽种类、养殖规模及粪便清理方式主要影响畜禽的产污系数,而污水处理方式主要对排污系数产生影响;另外,养殖场排污河道的自然状况,如河宽、流速、动植物生长情况等,对系数的影响主要体现在入河系数上。

畜禽产污系数是指单个饲养个体在正常生活条件下,单位时间内排放出猪圈的污染物总量,主要包括尿液和清洗养殖区域过程中冲刷的粪便及其他污染物。畜禽的排泄量受畜禽品种、体重、性别、生长期、生长情况、饲料组成、饲喂方式及环境因子等诸多因素的影响;另外,清粪方式对冲刷物含量也有显著影响,因此生猪的产污系数主要受生长期、生长情况、环境因子及清粪方式影响,分别选取典型的养猪场建立长期定点观测,可得到不同影响因素下生猪的产污系数。

畜禽排污系数是指养猪场将产生的粪便、尿液及冲洗用水等混合污染物在经过相应的设施处理后剩余的比率,计算公式为:

$$排污系数 = \frac{污水处理设施处理后排放的污染物量}{该养殖场产生的污染物总量} \times 100\%$$
$$= 100\% - 处理设施削减率$$

为确定排污系数,主要采用对养殖场进行实时监测,通过浓度以及排污量来确定该系数。排污系数主要受污水处理工艺、固体利用方式等因素影响,经过相关文献资料比对分析,其中污水处理方式是排污系数的关键影响因素。选取不同养殖场污水处理设施进行长期定点监测,分析处理前后的污染物浓度,从而得出不同污水处理方式下各污染指标 COD、$NH_3\text{-}N$、TN、TP 的削减率,从而计算该处理方式下的排污系数。

畜禽入河系数是指单个养殖场排放进入周边主干河网的污染物量与污水处理设施处理后的污染物排放量的比率,计算公式如下:

$$入河系数 = \frac{养殖场排放进入周边主干河网的污染物量}{污水处理设施处理后排放的污染物量} \times 100\%$$

由于自然河道存在物理、化学及生物的净化作用,因此污染物从排放口流向主干河网的过程中,会不断地被吸附、降解,其入河系数是一个与距离有关的函数,可以用一级动力学方程进行拟合。通常情况下,自然河道的断面不规则,其流量的测定存在较大困难,因此当排污河道流量变化不大时,以沿程污染物浓度来表征其污染物通量,因此入河系数计算公式可以演化为:

$$入河系数 = \frac{河道沿程的污染物浓度}{排放口处河道中污染物浓度} \times 100\%$$

对不同规模化养殖场的排放口处河道污染物浓度及沿程浓度变化进行监测,并对其按上述公式进行拟合,得到入河系数随河道长度的变化函数,在养殖场出现多个排污口的情况下,分别进行监测。

2.3　核算方法要求

2.3.1　对基础资料的要求

本方法须以较多的基础资料为基础而开展研究,因此须预先向相关政府部门或组织收集相应资料,所需资料及要求如下:

(1)养殖场空间分布及养殖信息:包括研究区域内各种畜禽养殖场的空间分布经纬度坐标、养殖不同生长阶段生猪规模、日常清粪方式、污水处理方式等。

(2)河网分布信息:包括研究区域内河网的水系分布图。

上述资料应尽量采用最近更新版本,与实际情况保持一致;同时要对数据进行仔细核查,对明显错误进行删除或更正。

2.3.2　对仪器与设备要求

因本方法需要对多个场合的流量进行准确计量,因此须配备相应的流量计量装置。

2.4　畜禽产污监测操作规程

2.4.1　基础资料收集

研究前须向相关政府部门或组织收集相应资料,所需资料及要求如下:

(1)研究区域内各畜禽养殖场的空间分布经纬度坐标、养殖不同生长阶段生猪规模、日常清粪方式、污水处理方式等。

(2)研究区域内河网的水系分布图。

2.4.2　采样点布设

(1)根据前期获得资料与数据,分析研究区域内代表性的清粪方式、污水处理方式,并分别选取代表该种方式的 4~6 个养殖场作为备选养殖场。

（2）对选定的养殖场进行实地调查和踏勘,选取 1~3 个满足本研究中采样要求的养殖场作为选定的养殖场。

（3）在选定的养殖场中,选择不同生猪生长阶段（如保育猪、育肥猪、妊娠猪）单一的猪圈各选 1~3 个作为采样点,并分别对猪圈排水口安装污水槽,作为排水计量收集装置。

在实际条件允许情况下,应尽量选取更多的养殖场同时进行监测,增加平行样本,以减少因实验导致的误差。

2.4.3　采样与分析

（1）采样频率与周期。采样频率至少每季度 1 次,每次采集 2~3 天,分别于每天的不同时间段（如上午 8 点,中午 12 点,下午 4 点）进行采集,采样频率和周期可视采样点实际情况进行调整。

（2）样品采集。在每次采样前,应先对污水槽中的水量进行记录;然后采用形状规则的收集容器,对不同采样点污水槽中的混合液进行等量采集,取 3 个平行样本,采样完毕后清空污水槽。

（3）样品分析方法见《水和废水监测分析方法》（第 4 版）,具体内容和监测方法如表 2-1 所示。

表 2-1　实验检测指标及方法

序号	项目	分析方法	最低检出限/(mg/L)	方法来源
1	TN	消解-紫外分光光度法	0.05	GB 11894—89
2	TP	消解-钼酸铵分光光度法	0.01	GB 11893—89
3	NH_4^+-N	纳氏试剂比色法	0.05	GB 7479—87
4	NO_3^--N	紫外分光光度法	0.02	GB 7480—87
5	PO_4^{3-}-P	钼酸铵分光光度法	0.01	GB 11893—89
6	COD	重铬酸盐法	10	GB 11914—89

2.4.4　数据处理

对上述获得的实验数据进行处理,并计算生猪产污系数,其计算公式为:

$$W = \frac{\sum (C_i \times Q_i)}{N \times t \times 1000}$$

式中,W 为产污系数,g/(头・d);C_i 为第 i 监测时段污水槽中污染物浓度,mg/L;Q_i 为第 i 监测时段污水槽中污水量,L;N 为该猪圈采样点生猪头数,头;t 为该次监测持续时间,d。

2.5　畜禽排污监测操作步骤

2.5.1　采样点布设

（1）前期获得资料数据以及分析选定养殖场的方法与产污系数相同。

（2）对选定的养殖场进行实地调查和踏勘，选取 1～3 个满足本研究中采样要求的养殖场的污水处理设施进水口和出水口作为采样点。

在实际条件允许情况下，应尽量选取更多的采样点同时进行监测，增加平行样本，以减少因实验导致的误差。

2.5.2　采样与分析

分别对污水处理设施进水口和出水口的污水进行采样，采样频率至少每季度 1 次，每次采集 1～2 天，分别于每天不同时间段进行采集，采样频率和周期可视采样点实际情况进行调整，在养殖场冲洗高峰期前后加密采样。

样品分析方法见表 2-1。

2.5.3　数据处理

对上述获得的实验数据进行处理，并计算生猪排污系数，其计算公式为：

$$P = \frac{C_2}{C_1}$$

式中，C_2 为经过污水处理设施后污染物的浓度，mg/L；C_1 为经过污水处理设施前污染物的浓度，mg/L；P 为该养殖场的排污系数。

2.6　畜禽入河监测操作步骤

2.6.1　采样点布设

（1）对养殖场的排污口周边进行实地踏勘。

（2）符合条件的河道可沿程布设采样点进行采样。排污口周边的河道应满足以下条件：河道不能过短，至少 200 m 以上；河道不能存在支流；河道周边应具备采样和仪器搬运条件。

为确保实验数据的有效性，减少因实验导致的误差，在实际条件允许情况下，应尽量选取更多的河道同时进行监测，增加平行样本。

2.6.2　采样与分析

分别对河道沿程进行采样,间隔距离 50～200 m;采样频率至少每季度 1 次,每次采集 1～2 天,分别于每天的不同时间段进行采集,采样频率和采样间隔可视采样点实际情况进行调整;样品分析方法见表 2-1。

2.6.3　数据处理

对上述获得的实验数据进行处理,并计算养殖场排污系数,其计算公式为:

$$\lambda_x = \frac{C_x}{C_0}$$

式中,C_x 为距离该养殖场排污口 x km 处河道的污染物浓度,mg/L;C_0 为该养殖场排污口处河道的污染物浓度,mg/L;λ_x 为距离该养殖场排污口 x km 处的污染物入河系数,km^{-1}。

2.7　适用范围与注意事项

2.7.1　适用范围

本方法适用于对畜禽的产排污及入河系数进行初步估算,但由于畜禽的产排污及入河机理复杂,影响因素众多,因此对精度要求较高的研究适用性较差。

另外,本方法以生猪为计算单位,其他种类的畜禽产污系数可按当量进行折算,折算系数如表 2-2 所示。

表 2-2　不同畜禽养殖种类的猪当量产污折算系数(孟伟,2008)

畜禽种类(头)	肉鸡(只)	蛋鸡(只)	羊(头)	肉牛(头)	奶牛(头)
猪当量折算系数	1/60	1/30	1/3	5	10

2.7.2　注意事项

(1) 所选择的养殖场在研究区域内应具有代表性。

(2) 养殖场附近用于测算入河浓度的河流周边应没有其他明显的农业污染源,以免对入河系数测算造成影响。

(3) 河流流向基本固定,监测期无往复流现象。

2.8　养猪场产排污系数现有报道

近年来,国内外学者对生猪产污系数进行了大量研究,利用 SPSS 统计软件对 28

篇文献的 227 条数据中生猪产污系数进行了分析,生猪 COD 产污系数[g/(头·d)]的均值为 294,极小值为 24,极大值为 590;生猪 NH_3-N 产污系数[g/(头·d)]的均值为 9.48,极小值为 1.21,极大值为 37.50;生猪 TN 产污系数[g/(头·d)]的均值为 31.83,极小值为 2.98,极大值为 80.00;生猪 TP 产污系数[g/(头·d)]的均值为 6.05,极小值为 0.02,极大值为 20.93。其箱图如图 2-1 所示。

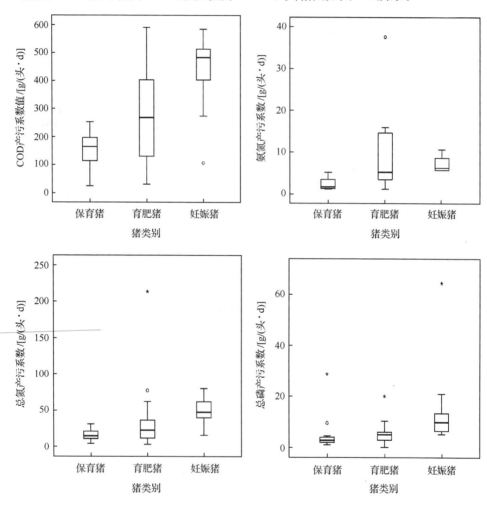

图 2-1 文献中不同类型猪各指标产污系数统计图

利用 SPSS 统计软件对 28 篇文献的 227 条数据中生猪排污系数进行了分析,生猪 COD 排污系数[g/(头·d)]的均值为 118,极小值为 5,极大值为 427;生猪 NH_3-N 排污系数[g/(头·d)]的均值为 4.46,极小值为 0.77,极大值为 20;生猪 TN 排污系数[g/(头·d)]的均值为 14.17,极小值为 1.50,极大值为 52.67;生猪

TP 排污系数[g/(头·d)]的均值为 2.12,极小值为 0.19,极大值为 9.1。其箱图如图 2-2 所示。

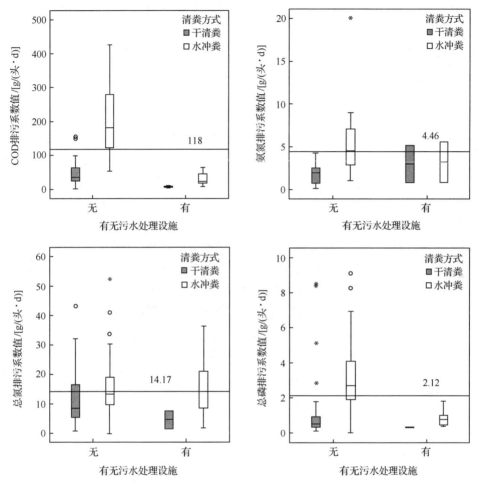

图 2-2 文献中猪各指标排污系数统计图

2.9 示 范 实 例

2.9.1 研究区域概况

1.德清养殖业概况

本课题研究以杭嘉湖平原的畜禽养殖业为对象,开展该地区养殖业产排污及入河系数的研究。杭嘉湖地区畜禽养殖业在近年来发展迅速,尤其是生猪产业。

以德清县为例,目前该县生猪年存栏达到 46.82 万头,占到全县畜禽饲养总量的 75% 以上,生猪产业已成为该县四大农业支柱产业之一。迅速发展的畜禽养殖业对杭嘉湖平原的水环境造成了不可忽视的压力,特别是部分位于苕溪及其他主干河网的养殖场,向水体排放了大量富含 N、P 等营养物质的污水,对水环境质量造成了严重的危害。

　　2. 养猪场污染物处理情况

　　本研究中主要以生猪养殖场为研究对象,开展生猪养殖产排污及入河系数的研究。2013 年本书撰写组以实地走访和统计数据搜集相结合的方式,对杭嘉湖地区生猪养殖业基本情况进行了统计和调查。结果表明,该地区的生猪养殖基本采用了干湿分离的饲养模式,清粪方式主要以干清粪为主、水冲粪为辅。近年来,全县主要通过施入耕地的方式对畜禽粪便进行处理;而污水处理利用方式主要有灌溉农田、生产沼气、排入鱼塘等几种利用途径,其中处理工艺有沉淀、好氧处理、氧化塘等,大型养殖场主要采用沼气和好氧处理的方式,少数使用排入鱼塘和氧化塘的方式进行处理,中小型规模化养殖户主要采用排入鱼塘和氧化塘的方式进行处理,小型农户污水处理的方式也存在未处理直接排放的情况。在该地区大型养猪场中,干清粪比例达 90% 以上,有污水处理的养猪场占 78.2%(表 2-3)。

表 2-3　杭嘉湖地区大型养猪场污染处理情况

污染处理措施		样本数	所占比例/%
清粪方式	干清粪	218	90.0
	水冲粪	24	10.0
污水是否处理	处理	223	78.2
	未处理	62	21.8

2.9.2　采样方法

　　1. 采样点选择

　　根据前期获得资料与数据及实地踏勘结果,本研究选取两种清粪方式(干清粪、水冲粪)和四种典型污水处理方式(不处理、种植业或鱼塘处理、氧化塘处理、氧化塘加沼气池处理)为畜禽产排污系数的影响因素,选择该县四个代表性区块的养殖场,其点位分布情况如图 2-3 所示。

　　四个采样的养殖场均采用干清粪+水冲粪的方式,上述四个养殖区域的污染物处理方式如表 2-4 所示。

图 2-3　研究区域设置分布

表 2-4　采样区域信息

采样区域	地点	规模/头	清粪方式	污水处理设施	河道流量/(m³/s)
1	乾元镇	10000		氧化塘、沼气池	0.60
2	乾元镇	5000	干清粪+水冲粪	氧化塘为主	0.20
3	新市镇	2500		周边种植业及鱼塘	0.36
4	雷甸镇	500		基本不处理	0.21

2. 采样时间

2013 年 11 月至 2014 年 6 月每季度采样 1 次,每次采集 2 天,分别于每天的不同时间段(上午 8 点,中午 12 点,下午 4 点)进行采集。

2.9.3　产污系数

选择相应的猪圈,设置污水槽,用于收集猪圈产生的污水。每次采样前,对污水槽中的水位进行测定,并换算为污水量进行记录;然后对污水槽中的污水进行搅拌混匀,对不同采样点污水槽中的混合液进行采集,并取三个平行样本。采样完毕后清空污水槽,并用清水对污水槽进行冲洗。不同清粪方式下的污水量分析结果显示,干清粪的用水量明显小于水冲粪,不同类型猪圈的用水量也存在显著差异,保育猪<育肥猪<妊娠猪(表 2-5)。

表 2-5　不同清粪方式下污水量

生猪种类	干清粪/L	水冲粪/L
保育猪	6±2	9±2
育肥猪	23±2	26±4
妊娠猪	40±3	48±2

不同清粪方式下污染物浓度情况如表 2-6 所示,结果显示不同清粪方式下污染物浓度差异明显,通常情况下水冲粪的污染物浓度为干清粪的 2～3 倍,个别达到 5 倍左右,说明清粪方式是影响污染物浓度和产污系数的关键因素。

表 2-6　不同清粪方式下污染物浓度

监测指标	生猪种类	干清粪	水冲粪
COD 浓度/(mg/L)	保育猪	4573±788	9392±2641
	育肥猪	1739±236	6720±1369
	妊娠猪	1786±290	6173±232
NH_3-N 浓度/(mg/L)	保育猪	160.0±50.3	275.5±43.9
	育肥猪	76.0±6.3	169.0±10.2
	妊娠猪	97.8±7.2	152.5±9.3
TN 浓度/(mg/L)	保育猪	421.5±132.6	790.3±112.6
	育肥猪	286.8±28.3	445.0±35.6
	妊娠猪	311.0±12.9	463.3±16.2
TP 浓度/(mg/L)	保育猪	48.3±1.1	167.5±1.7
	育肥猪	15.5±0.9	90.0±2.5
	妊娠猪	24.8±0.9	102.3±0.9

通过猪圈用水量的统计以及不同清粪方式下污染物浓度的监测分析,不同生猪类型是影响生猪产污系数的关键因素,同时清粪方式对产污系数的影响也尤为显著,水冲粪下的产污系数明显高于干清粪条件下。不同因素下的生猪产污系数如表 2-7 所示。

表 2-7　生猪产污系数

监测指标	生猪种类	干清粪	水冲粪
COD 产污系数/ [g/(头·d)]	保育猪	26.7±9.4	87.6±39.3
	育肥猪	39.0±5.2	173.6±22.9
	妊娠猪	71.8±12.0	296.7±22.4

续表

监测指标	生猪种类	干清粪	水冲粪
NH₃-N 产污系数/ [g/(头·d)]	保育猪	1.0±0.6	2.5±0.9
	育肥猪	1.7±0.3	4.5±0.7
	妊娠猪	4.0±0.5	7.3±0.3
TN 产污系数/ [g/(头·d)]	保育猪	2.6±1.1	7.1±1.7
	育肥猪	6.5±0.9	11.8±2.5
	妊娠猪	12.5±0.9	22.2±0.9
TP 产污系数/ [g/(头·d)]	保育猪	0.3±0.2	1.5±0.5
	育肥猪	0.3±0.1	2.4±0.4
	妊娠猪	1.0±0.1	4.9±0.5

2.9.4　排污系数

因污水处理设施前后,进出水量基本保持不变,因此可以采用出水口和进水口的浓度比值来作为其排污系数。对污水处理设施的进水口和出水口的污水进行采样,采样频率与产污系数测定相同,分别于每天的不同时间段进行采集。对不同类型的污水处理设施监测得到不同污染物指标的削减情况如表 2-8 所示。

表 2-8　不同污水处理方式下各监测指标削减率

监测指标		无处理	与种植业及水产养殖相结合	氧化塘为主	氧化塘及沼气池
COD	原水浓度/(mg/L)	1734±933	1650±636	1725±752	1800±734
	排水口浓度/(mg/L)	—	354±187	287±132	299±128
	削减率/%	0	79±6	83±2	83±1
NH₃-N	原水浓度/(mg/L)	91±18	89±23	78±31	94±16
	排水口浓度/(mg/L)	—	26±11	19±7	28±7
	削减率/%	0	71±2	76±1	70±2
TN	原水浓度/(mg/L)	356±119	346±75	322±139	299±63
	排水口浓度/(mg/L)	—	58±16	34±18	51±17
	削减率/%	0	83±5	90±2	83±4
TP	原水浓度/(mg/L)	33±13	27±13	30±11	25±8
	排水口浓度/(mg/L)	—	7±4	4±0	8±3
	削减率/%	0	75±3	85±6	68±2

结果显示:小规模养猪场对污水未进行处理就排放,因此各污染物的削减率可

视为 0;以 2500 头生猪养殖为主的养猪场,主要的污水处理方式为配合养猪场建立的种植基地以及鱼塘,其中各指标的削减率主要为 71%~83%;以 5000 头生猪养殖为主的养猪场,主要的污水处理方式为氧化塘,其中各指标的削减率为 76%~90%;以 10000 头生猪养殖为主的养猪场,主要的污水处理方式为氧化塘和沼气池相结合,其中各指标的削减率为 68%~83%。含有氧化塘的污水处理方式对各指标的削减作用最为显著,其次为鱼塘及种植业配合的生态处理方式。

通过 2.5 节所述,排污系数与削减率之和为 1,因此计算得到不同污水处理方式下各污染物的排污系数如表 2-9 所示。

表 2-9　生猪排污系数

	无处理	与种植业及水产养殖相结合	氧化塘为主	氧化塘及沼气池
COD	1.00	0.21 ± 0.06	0.17 ± 0.02	0.17 ± 0.01
NH$_3$-N	1.00	0.29 ± 0.02	0.24 ± 0.01	0.30 ± 0.02
TN	1.00	0.17 ± 0.05	0.10 ± 0.02	0.17 ± 0.04
TP	1.00	0.25 ± 0.03	0.15 ± 0.06	0.32 ± 0.02

2.9.5　入河系数

通过实地踏勘,本研究选取 3 个养猪场的污水排放河道作为监测河道。在河道上以 50~100 m 为间隔设置 6 个监测断面。以其中一条河道为例,各监测断面与养殖场的距离及其监测的水质数据如表 2-10 所示。

表 2-10　养猪场各断面的污染物监测情况

样品号	距离/m	COD/(mg/L)	NH$_3$-N/(mg/L)	TN/(mg/L)	TP/(mg/L)
A	0	66	12.84	36.88	4.99
B	0.10	52	10.98	34.17	3.74
C	0.21	49	10.50	30.43	3.33
D	0.31	48	9.45	29.54	2.63
E	0.40	49	7.04	30.16	2.81
F	0.55	42	6.48	29.13	2.64

将监测断面各污染物浓度与养殖场排污口的距离用指数函数进行拟合分析得到图 2-4。

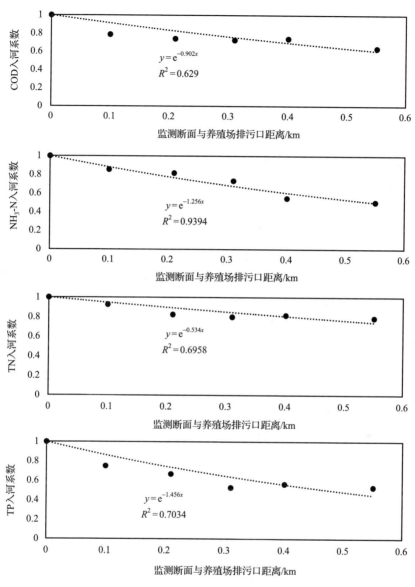

图 2-4　入河系数与排污口距离关系

　　由图 2-4 可知,入河系数与排污口之间的距离关系呈指数变化,随着距离的增大,入河系数逐渐趋于稳定,符合一级动力学规律。

　　为保证数据的准确性,本研究在同一区域内选取 3 条典型排污河道进行了定点观测。通过分析不同河流的入河情况,对其中的降解系数 k 进行了平均,从而得到沿程各污染物入河系数,见表 2-11。

表 2-11 沿程各污染物入河系数

监测河道	COD	NH$_3$-N	TN	TP
1	$e^{-0.902x}$	$e^{-1.256x}$	$e^{-0.543x}$	$e^{-1.456x}$
2	$e^{-0.715x}$	$e^{-0.976x}$	$e^{-0.690x}$	$e^{-1.586x}$
3	$e^{-1.021x}$	$e^{-1.236x}$	$e^{-0.643x}$	$e^{-1.125x}$
平均值	$e^{-0.879x}$	$e^{-1.156x}$	$e^{-0.625x}$	$e^{-1.389x}$

注:x 为监测断面与排污口之间的距离,km

通过沿程各污染系数的平均值,结合监测断面与排污口之间的距离,得到在定距离的情况下入河系数的取值,结果见表 2-12。

表 2-12 0.1~0.5 km 距离下畜禽养殖场各指标入河系数值

监测指标	监测断面与排污口距离/km				
	0.1	0.2	0.3	0.4	0.5
COD	0.92	0.84	0.77	0.70	0.64
NH$_3$-N	0.89	0.79	0.71	0.63	0.56
TN	0.94	0.88	0.83	0.78	0.73
TP	0.87	0.76	0.66	0.57	0.50

第3章 农村生活污水产排污系数核算方法

3.1 引 言

随着人们生活水平的提高,农村生活污水排放逐渐成为我国农村非点源污染的重要组成部分。然而,目前全国96%的村庄并没有设置排水渠道和生活污水处理系统(李仰斌等,2008),农村生活污水收集难度大,随意排放现象十分普遍,已经对农村地区人居环境和人体健康造成了巨大威胁。加强农村生活污水的处理,既是社会主义新农村建设的重要内容和组成部分,也是改善农村生态环境和防治农业面源污染的重要措施。国务院开展的第一次全国污染源普查工作中已经将重点流域农村生活污染源纳入农业面源污染源普查范围(张玉华等,2010)。其对农村生活污水产排污特征及其核算方法的研究具有一定的现实意义。

目前,我国已有不少学者对农村生活污水产排污系数进行了一定的测算(徐洪斌等,2008;王文林等,2010;彭绪亚等,2010;王俊华等,2010),认为农业收入水平对农村生活产排污也具有显著影响。我国农村地区面积广阔,生活污水的排放特征会因地域间自然、经济发展水平及生活习惯的不同而有所不同。因此,对农村生活产排污系数进行适地核算研究极为重要。

3.2 核算方法原理与优点

非点源污染中的农村生活污水是指农村居民在日常生活中产生的污水,包括厨房、厕所、洗澡、洗衣等产生的污水。其污染物监测指标包括产生量、COD、NH_3-N、TN、TP。

农村生活污水产污系数是指农村居民每人每日产生的生活污水中的污染物量,主要是通过农户生活中所产生的生活污水的量和污染物浓度来进行核算。本方法主要将农村居民按高、中、低三类收入水平以及有无污水处理设施分为六类农户,并对这六类农户每人每日产生的生活污水中污染物量进行核算。

$$产污系数 = \frac{生活污水量 \times 污水污染物质浓度}{人口数}$$

农村生活污水排污系数是指农村居民每人每日排放到环境中的生活污水的污染物量。其中,生活污水进入沼气池和直接利用(如喂养畜禽、浇园)的部分不计入排放系数。主要是根据已有的经验公式,在产污系数的基础上,仅考虑未被利用和处理并排到环境中的污染物量。实际操作是先对农户日常生活中污水的利用率和处理效率进行实地调查,得到利用和处理效率的经验值和调查值后代入公式进行排污系数的具体核算。

$$排污系数 = \left(1 - \frac{污水利用量}{污水产生量}\right) \times$$

$$\left(1 - \frac{污水处理量}{污水利用量 - 污水产生量} \times 污染物质处理效率\right) \times 100\%$$

农村生活污水入河系数主要表现为污水污染物质从排放口流向主干河网的一个沿河削减过程。由于自然河道存在物理、化学及生物的净化作用,因此污染物从排放口流向主干河网的过程中,会不断地被吸附、降解,其入河系数是一个与距离有关的函数,可以用一级动力学方程进行拟合。通常情况下,自然河道的断面不规则,其流量的测定存在较大困难,因此当排污河道流量变化不大时,以沿程污染物浓度来表征其污染物通量,因此入河系数计算公式可以演化为:

$$入河系数 = \frac{河道沿程污染物浓度}{排放口处河道中污染物浓度} \times 100\%$$

对农村生活污水排放口处河道污染物浓度及沿程浓度变化进行监测,并对其按上述公式进行拟合,得到入河系数随河道长度的变化函数。

本方法进行了农村生活污水系数核算,首先通过实地考察与访谈,了解村镇卫生基本状况、生活污水排放、厕所使用(使用类型包括:水冲厕、浅坑旱厕、深坑旱厕和公共厕所等的比例)等情况,实地调查主要包括典型农户抽样调查以及对流域内进行统计年鉴的数据调查。采用入户调查的方法,对不同季节不同家庭生活污水产生量、使用量、污水处理量及处理效率等基本信息进行详细调查,获得村镇生活污染基本特征数据;并将研究区域的农户按照高、中、低收入水平以及有无污水处理设施分为六类,然后对农村居民生活污水进行水质水量监测,监测项目主要有COD、氮、磷及生活污水排放量等,最后对农村生活产排污系数进行具体核算比对及分析。整个研究过程主要采用了统计调查结合定点定量监测的方法,核算过程简单,可操作性强。

3.3　核算方法要求

3.3.1　采样点位选取

生活污水采样点位设置原则:

代表性:根据研究区域经济水平选取经济收入低、中、高典型农户,并选取每类农户至少 3 户。

可控性:将生活污水收集池设立于室内,避免外界环境干扰。

经济性:在允许条件下,建立统一的污水收集池及污水收集管道,也可以通过一般的收集桶进行收集并定时测量。

可操作性:选取积极配合调查及监测工作开展的农户。

3.3.2　采样操作

采样前制定采样方案并准备采样器具。生活污水污染物浓度高,且存在液体混合不均的问题,因此在采样前须将收集池或收集桶内的样品混合均匀。收集池按照早、中、晚分不同时段进行采样,收集桶则按照桶内水集满为准,在每次换水前进行采样。采样过程中不可控因素多,因此采样过程须严格按照具体操作规程进行。

3.3.3　实验分析

实验分析时将生活污水水样进行适当稀释,确保测试结果有效。相关指标测定优先选用国家和环境保护行业标准监测分析方法,并严格按照测定方法执行,注意实验操作规范和流程,测定平行样品,做出误差分析,保证样品实验室测定结果的准确性,尽量减少由于实验误差对最终核算结果造成的影响。若测定指标平行样相差较大,须重新进行实验测定。

3.3.4　系数核算

农村生活污水产排污系数按具体系数定义公式进行。产污系数主要是通过农户生活中所产生的生活污水的量和污染物浓度来进行测算;排污系数界定为农户未利用而出户部分的生活污水,在对农户实际日常生活污水处理利用量及利用率进行实地调查的基础上,进行排污系数的核算;入河系数则反映污水污染物质从排放口流向主干河网的一个沿河削减过程。

3.4　硬件设施

结合监测点农户庭院地形建设污水收集池(孙兴旺,2010),便于污水的收集和排放。污水收集池由承担监测任务的单位统一组织施工建设。分两种类型:有下水农户,在污水排放途中或出口处建设污水收集池收集生活污水;无下水农户,在农户庭院内建设污水收集池收集生活污水,辅助建设一定的污水收集管道和设施,保证能把全部生活污水收集起来。污水收集池的容积根据夏季单人日用水量来确定。

采样须准备水样采集器(采集水样)、高密度聚乙烯采样瓶。

3.5　操 作 方 法

3.5.1　统计调查

非点源农村生活污水统计调查是进行农村生活污水核算的前提,根据研究区域实际情况确定农村生活污水统计调查步骤,有助于开展农村生活污水产排污的研究工作。统计调查过程主要包括资料收集以及抽样调查,进一步进行汇总分析,为监测工作的开展提供依据。

调查的内容主要包括:农户经济收入水平、农村污水处理情况,其中典型农户抽样调查问卷如表 3-1 所示。

表 3-1　农村生活污水调查问卷表

农户编号	人口数	收入水平 (高、中、低)		污水处理 设施名称	
三天累计 用水量(L)	三天累计污水 利用量(L)	三天累计污水 处理量(L)			

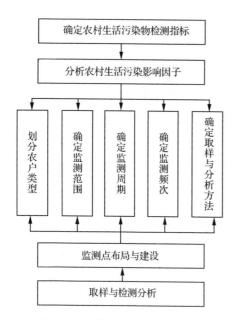

图 3-1　农村生活污染源监测方法
研究路线图(张玉华等,2010)

3.5.2　监测方法

定点监测农村生活污水的产生量及其特征污染物、浓度等参数,为测算农村生活污染源产排污系数提供数据基础。确定科学合理的产排污系数监测方法是准确测算产排污系数的首要任务(张玉华等,2010)。农村生活污水污染核算研究的主要技术路线如图 3-1 所示。

3.5.3　监测步骤

(1) 选择研究区域内高、中、低三类收入水平以及有无污水处理设施的六类农户,每类各取 3 户典型农户为监测点。

(2) 在每户农户设立生活污水收集池或分发收集桶,调查每户农户的人口数。

（3）生活污水收集池汇集 3 天产生的生活污水，统计 3 天产生的污水量。统计收集桶累计 3 天产生的生活污水。

（4）充分混匀生活污水，采集 3 个样品，混合均匀后用高密度聚乙烯瓶收集。

（5）按照国标规定的检测方法进行样品相关指标测试。

（6）污水样品采集后要及时分析，若不能及时分析需在 4℃ 条件下冷藏，最长保存一周时间，详细监测方法见表 2-1。

3.5.4　系数核算

生活污水产污系数计算公式（孙兴旺，2010）：
$$W = (Q \times C)/(n \cdot 1000)$$
式中，W 为生活污水产污系数，g/（人·d）；Q 为生活污水产生量，L/（人·d），此值为监测值；C 为污染物的浓度，mg/L，此值为检测值；n 为人口数，人/户，此值为调查值。

生活污水排放系数计算公式（孙兴旺，2010）：
$$P = \left(1 - \frac{A}{B}\right) \times \left(1 - \frac{C}{B-A} \times \eta\right)$$
式中，P 为生活污水排污系数；η 为第 k 种污染物处理效率，%，此值为调查值；A 为生活污水利用量，L/（户·d），此值为调查值；B 为生活污水产生量，L/（户·d），此值为监测值；C 为生活污水处理量，L/（户·d），此值为调查值。

生活污水入河迁移转化方程：
$$C_{x_1} = C_{x_0} e^{-kx}$$
式中，C_{x_1} 为水体中剩余的污染物浓度，mg/L；C_{x_0} 为水体中污染物的初始浓度，mg/L；k 为污染物的降解系数，km^{-1}；x 为迁移距离，km。

生活污水入河系数计算公式：
$$\lambda_x = \frac{C_{x_1}}{C_{x_0}}$$
式中，λ_x 为污染物沿程入河系数，km^{-1}；C_{x_1} 为水体中剩余的污染物浓度，mg/L；C_{x_0} 为水体中污染物的初始浓度，mg/L。

3.6　适用范围与注意事项

（1）研究区域内有代表性的农村，包含高、中、低三类收入水平以及有无污水处理设施的六类农户。

（2）该农村生活污水研究区域内无统一污水收集管道。

3.7　产排污系数统计

利用 SPSS 统计软件对 12 篇文献中的 42 组农村生活产排污系数进行分析,农村生活 COD 产排污系数[g/(人 · d)]的均值为 22.65(1.98～69.90),NH_3-N 产排污系数[g/(人 · d)]的均值为 2.52(0.07～7.95),TN 产排污系数[g/(人 · d)]的均值为 2.71(0.02～10.40),TP 产排污系数[g/(人 · d)]的均值为 0.26 (0.03～1.09),如图 3-2 所示。

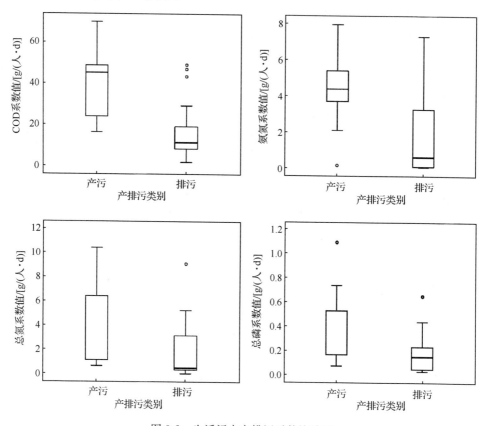

图 3-2　生活污水产排污系数统计图

3.8　示　范　实　例

3.8.1　研究区域概况

浙江省德清县新市镇水北村,位于德清县中西部地区,当地居住人口为 856

人,共 231 户,主干河流贯穿全村。首先对该村的农村生活污水进行实地调查,继而按照相关研究文献中太湖流域农户人均年收入水平划分标准(表 3-2),将各收入水平的农户各取 3 户进行定点定量监测。

表 3-2　太湖流域农户人均年收入水平划分标准(王文林等,2010)

流域	高收入/元	中收入/元	低收入/元
太湖	(9000,+∞)	[7000,9000]	[0,7000)

3.8.2　污水监测情况

通过以上研究方法,针对研究区域水北村农村生活污水进行了监测分析(表 3-3),高收入水平农户污水氨氮浓度明显高于其他收入水平的农户,COD 浓度、总氮浓度以及总磷也处于较高水平。

表 3-3　水北村农村生活污水监测数据

收入水平	COD/(mg/L)	NH_3-N/(mg/L)	TN/(mg/L)	TP/(mg/L)
高	246±16	49.7±8.5	82.7±23.1	4.2±2.0
中	224±31	44.5±3.2	87.4±13.4	4.3±1.0
低	257±10	43.9±6.5	75.9±12.9	3.4±0.5

3.8.3　产污系数

对研究区域农户根据表 3-2 进行人均年收入水平的划分,测得的研究区域农村生活污水各污染物指标见表 3-3。结合实地调查农户生活污水产生量,得到该地农村生活污水产污系数(表 3-4),数据表明,随着收入水平的提高,农户生活产污系数也随之提高。

表 3-4　水北村农村生活产污系数

收入水平	COD/[g/(人·d)]	NH_3-N/[g/(人·d)]	TN/[g/(人·d)]	TP/[g/(人·d)]
高	10.63±2.01	2.11±0.26	3.53±0.89	0.18±0.08
中	6.80±1.46	1.36±0.23	2.64±0.47	0.13±0.03
低	6.51±1.86	1.10±0.33	1.87±0.34	0.09±0.02

3.8.4　排污系数

排污系数是在对农户实际日常生活污水处理利用量及利用率进行实地调查的基础上进行的核算。根据表 3-1 进行调查统计得到该研究区域内生活污水的产生、处理以及利用情况(表 3-5)。

表 3-5　水北村农村生活污水统计

收入水平	有无处理	污水产生量	污水处理量	污水利用量
		(L/户)		
高	有	181±10	144±5	14±1
	无	166±5	0	9±2
中	有	129±6	96±7	14±1
	无	115±3	0	9±2
低	有	108±2	78±2	15±1
	无	92±17	0	10±2

通过对该研究区域生活污水的统计情况,结合农村生活污水的产污系数,得到农村生活污水排污系数,研究表明污水处理设施能削减农村生活污水排污系数的 75% 左右(表 3-6)。

表 3-6　农村生活污水排污系数

污水处理	COD	NH_3-N	TN	TP
有	0.24±0.01	0.25±0.03	0.23±0.06	0.27±0.13
无	0.91±0.03	0.91±0.03	0.92±0.03	0.92±0.04

3.8.5　入河系数

本研究对该村庄的农村生活污水在河道中的迁移转化情况进行了研究,得到该村庄主要集中式排污口附近河流各断面的情况(表 3-7)。分析可得农村生活污水中各污染物浓度随迁移距离的增加呈指数下降,为确保入河系数的有效性,在同一区域内选取宽度及流速相近的 3 条河流,通过分析不同河流的入河情况,并对其中的降解系数 k 进行平均,得到沿程各污染物入河系数的平均值(表 3-8)。

表 3-7　该村庄集中式排污口附近河流各断面监测情况

样品号	距离/m	COD/(mg/L)	NH_3-N/(mg/L)	TN/(mg/L)	TP/(mg/L)
A	0	30	6.5	11.2	2.3
B	0.10	24	5.3	10.9	2.0
C	0.19	20	4.5	10.3	1.9
D	0.37	20	3.8	9.1	1.7

表 3-8　沿程各污染物入河系数

监测河道	COD	NH₃-N	TN	TP
1	$e^{-1.363x}$	$e^{-1.579x}$	$e^{-0.522x}$	$e^{-0.886x}$
2	$e^{-1.054x}$	$e^{-0.659x}$	$e^{-0.669x}$	$e^{-0.546x}$
3	$e^{-1.001x}$	$e^{-1.701x}$	$e^{-0.241x}$	$e^{-0.778x}$
平均值	$e^{-1.139x}$	$e^{-1.313x}$	$e^{-0.477x}$	$e^{-0.736x}$

注：x 为监测断面与排污口之间的距离，km

　　将农村生活监测断面的各污染浓度与集中式排污口的距离用指数函数进行拟合分析得到结果如图 3-3 所示。

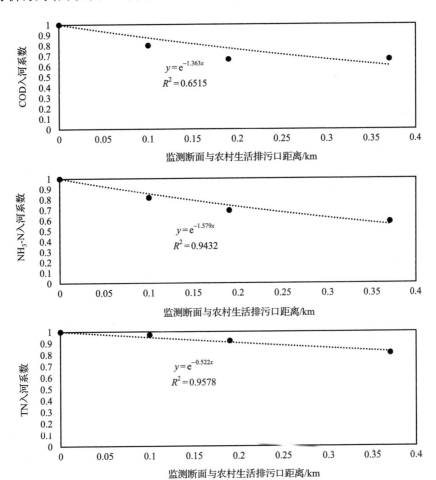

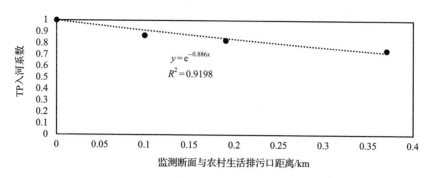

图 3-3　各监测断面监测污染物浓度随距离变化趋势

通过沿程各污染系数的平均值,结合监测断面与排污口之间的距离,获得在定距离的情况下入河系数的取值(表 3-9)。

表 3-9　0.1~0.5 km 距离下生活污水各指标入河系数值

监测指标	监测断面与排污口距离/km				
	0.1	0.2	0.3	0.4	0.5
COD	0.89	0.80	0.71	0.63	0.57
NH$_3$-N	0.88	0.77	0.67	0.59	0.52
TN	0.95	0.91	0.86	0.82	0.78
TP	0.93	0.86	0.80	0.74	0.69

第4章 城镇非点源产排污系数核算方法

4.1 引 言

城镇非点源污染主要是指在降雨过程中,雨水及所形成的径流流经城镇地面,如居民区、商业区、街道、停车场、绿化带等,冲刷、聚集了一系列污染物,随之排入河流、湖泊等受纳水体,污染地表水或地下水,其是城镇水环境污染的重要因素(林积泉等,2004)。随着我国城镇化人口的增加,城镇水体的非点源污染日益加剧,因此,加强对城镇非点源污染的研究对解决水危机有重要意义。

雨水径流污染受到排水系统各个环节的影响,影响因素众多,主要包括降雨特征、大气污染状况、城镇土地利用类型、雨(污)水排放方式、地表卫生管理水平等,具体如下:

(1)城镇气候、水文特征,如降雨、城镇水土流失等。降水是水土流失的重要因子,而水土流失和地表径流又是非点源污染产生的主要条件。

(2)大气污染状况。大气中的悬浮物,如烟尘、车辆废气的干沉降或经降雨(溶雪)的淋溶和洗刷作用产生的湿沉降(尹澄清,2010)。

(3)土地利用状况。不同的土地利用类型下污染物质累积速率不同。土地利用类型和功能对地表径流水质的影响是城镇地表径流研究的重点,城镇土地利用类型和功能在空间上表现为多样性和相互镶嵌的格局,对地表径流污染的影响十分复杂,存在一个尺度的问题。不同类型汇水单元地表径流水质存在显著的差异,同一类型汇水单元不同监测位置地表径流水质也具有明显的差异,使得城镇地表径流水质在空间上具有明显的分异性。城镇不透水地表主要分为两类:一类是各种建筑屋面(车武等,2002);另一类是各种路面。对于屋面而言,屋面的材料种类、性质和老化程度以及大气干湿沉降是影响屋面径流水质的主要因素。而城镇道路由于受到各种人类活动的直接影响,径流污染受交通流量、人流量、周围土地利用、地表卫生管理水平等多种因素影响,径流水质变化复杂。居民区地表径流污染负荷主要源于居民生活的废弃物残留,这与人们的生活习惯、消费方式特别是饮食方式和习惯有紧密的关系。

(4)雨(污)水排放方式。目前,我国城镇雨(污)水的排放有直排式合流制、截流式合流制、完全分流制、截流式分流制、不完全分流制等5种形式,不同的排放体制决定着其拦截城镇地表径流污染的数量与质量。合流制排水系统,雨污合流,雨水在输移过程中污染物浓度有可能增加(Krejci et al.,1987;Chebbo et al.,2001)。另一方面,污水的污染物浓度高于雨水,污水和雨水混合在一起输送到受纳水体或污水处理厂,当雨水径流流速较大、排水管网中无雨时,沉积下来的污染物被冲起并带走,成为径流污染的又一来源,抑制了雨水径流有效治理,而且容易形成污水溢流。在城镇面源污染的控制方面,分流制排水系统较合流制有优势。但是,分流制排水系统中,初始冲刷造成的污染也是城镇面源污染的来源之一,这主要是由于分流制排水体系多将所收集降雨直接排放,没有对降雨的初始冲刷进行处理而引起的。

(5)城镇卫生状况。城镇地表的清扫频率及效果决定污染物积累的数量,直接影响非点源的污染负荷。

地表径流污染主要取决于降雨强度、降雨历时、土地利用方式、地面累积物数量及特征等,具有来源的复杂性、发生时间的不确定性、排放污染物的偶然性和随机性等特点,使城镇非点源污染研究十分困难,研究结果也因研究区域的不同而有很大的差异(王晓燕,1996;薛金凤等,2002;李俊然等,2000)。目前城镇非点源污染负荷的定量核算方法主要有三大类(李家科等,2008):①通过进行水量水质同步观测直接进行估算的平均浓度法,该方法在对有限次的典型降雨径流监测的基础上,得到多次监测径流的平均浓度,并认为它是全年降雨径流的平均浓度,再乘以全年径流总量即得到年降雨径流污染负荷;②在对水量水质进行同步监测的基础上,分析监测所得到的数据,建立污染负荷与影响因素之间关系或各污染物负荷间的相关关系,间接得到年降雨径流的污染负荷(李国斌等,2002);③基于污染物的产生和排放过程的机理性方法,该方法以污染物产生和排放的过程为研究对象,通过建立合适的累积和冲刷模型来对径流污染负荷进行定量模拟。本方法采用第一类平均浓度法对城镇非点源污染产排污系数进行核算。

4.2 核算方法原理与优点

对于城镇非点源污染负荷的核算,本方法采用通过进行水量水质同步观测直接进行估算的平均浓度法。该方法在对有限次的典型降雨径流监测的基础上,得到多次监测径流的平均浓度,并认为它是全年降雨径流的平均浓度,再乘以全年径流总量得到年降雨径流污染负荷。

场次降雨径流污染物平均浓度 EMC 的定义为:任意一场降雨引起的地表径流中排放的某污染物质的质量除以总的径流体积。可用式(4-1)表示:

$$EMC = \frac{M}{V} = \frac{\int_0^T C_t Q_t \, dt}{\int_0^T Q_t \, dt} \qquad (4\text{-}1)$$

式中，M 为某场降雨径流所排放的某污染物的总量，g；V 为某场降雨所引起的总地表径流体积，m³；C_t 为某污染物在 t 时的瞬时浓度，mg/L；Q_t 为地表径流在 t 时的径流排水量，m³/s；T 为某场降雨的总历时，s。

一场降雨径流全过程污染物质量负荷可由 EMC 与总降雨径流量之积表示：

$$L_i = (EMC)_i Q A_i \qquad (4\text{-}2)$$

一年中的多场降雨的污染负荷之和即为年污染负荷：

$$L_y = \sum_{i=1}^m (EMC)_i Q A_i \qquad (4\text{-}3)$$

径流深 Q 可根据美国土壤保持局提出的降雨径流模型（SCS）进行计算，径流曲线模型为：

$$Q = \frac{(P - 0.2S')^2}{P + 0.8S'}, \text{ 其中，} S' = \frac{25400}{CN} - 254 \qquad (4\text{-}4)$$

式中，Q 为径流深（mm）；P 为一次暴雨总量（mm）；S' 为径流开始后可能的最大持水；CN 为径流曲线数值；C 是反映降雨前流域特征的一个综合参数，它与流域前期土壤湿润程度、坡度、植被、土壤类型和土壤利用现状等有关。

由式（4-3）可知，只要知道一年中各场降雨所引起的地表径流污染物的平均浓度和各场降雨的径流量，即可求得年污染负荷。但通常要知道一年内每场降雨的径流量及 EMC 值，这是很难做到的，于是在一些计算模型中常采用年平均降雨量和多场降雨的径流平均浓度来计算年污染负荷。

计算出城镇非点源污染负荷，除以调查区域有效土地利用面积，即可得到城镇非点源产污系数。

平均浓度法是根据有限的监测资料估算流域非点源污染年负荷量的简便而有效方法，除了用来预测多年平均及不同频率代表年的非点源污染负荷量外，还可用于预测某些特殊年份（如实际特丰年）或次洪水的非点源污染负荷量。该方法从非点源污染的机理出发，简便易用，具有广泛的适用性。

4.3　核算方法要求

4.3.1　采样点位选取

水质采样点设置的基本原则：

（1）代表性：具有一定的汇水面积，相似类型在监测范围内有较大的分布面积,避免地面结构过于复杂。

（2）安全性:采样者和采样器的安全应该是首先考虑的问题,特别是雨天和暴雨天的工作,需要制订安全保证和救助措施。

（3）易达性:方便达到,必要时应该整修道路和建设必要的栈道等设施。

（4）满足统计。对于复杂的区域,要设置足够的采样点。有前期监测资料时,可根据项目的要求、区域监测项目的变异系数,进行统计分析,科学地确定采样点水量;没有监测数量时,每一汇水单元类型都应该有采样点。对区域变异大的汇水单元类型,至少设置 3 个以上的采样点。

4.3.2　采样操作

野外采样不可避免很多偶然因素和不可预见性困难,采样过程中方法不规范和样品保存不当等错误性采样操作都会对后续试验测定分析结果的准确性造成严重影响。因而在采样过程中须端正采样态度,严格遵循采样操作流程,出发前做好全面细致的准备工作,制订详细的采样方案,同时对采样过程中一些可预见性困难和错误在事前要及时做好防范和纠正。

4.3.3　实验分析

实验室相关指标测定须严格按照国标测定方法执行,注意实验操作规范和流程,测定平行样品,做出误差分析,保证样品实验室测定结果的准确性,尽量减少由于实验误差对最终核算结果造成的影响。若测定指标平行样相差较大,须重新进行实验测定。

4.3.4　污染负荷及系数核算

城镇非点源污染负荷采用平均浓度法进行核算,污染负荷除以调查区域有效土地利用面积即得到城镇非点源产排污系数。

4.4　硬 件 设 置

采样须准备水样采集器(采集水样),多功能水质参数仪(现场测定水质常规理化指标),流量仪(测定河水流速流量),标杆(测水位)。

实验测定分析须准备高压灭菌锅(测定 TN、TP 时进行样品消煮)、紫外分光光度计(样品测定吸光度)。

4.5　操 作 方 法

4.5.1　城镇非点源污染资料收集

在对城镇非点源污染物进行野外监测时,须掌握研究区域降水规律、城镇下垫面、污染源分布和城镇水环境状况的特点,分别如下:

(1)降水规律:利用监测区域多年降水资料,分析降水的年际变化和年内分配、降水强度分布特点(最大降水强度、平均降水强度、最大降水量)。

(2)城镇下垫面:城镇地面主要是由各种人工构筑物组成,可以分为屋面、道路、绿地等类型。不同类型的下垫面在降水下产生的污染物种类和数量是不同的。因此,有必要编制城镇下垫面类型分布图,明确各汇水单元内下垫面的主要类型及其分布。

(3)污染源分布:城镇面源污染的类型很多,可按污染物产生特征划分城镇土地利用类型,如居民区、工厂区、学校区、机关区、事业单位区、商业小区等。可利用高分辨率的遥感资料或航片,编制土地利用图,调查各类土地利用类型的主要污染物类型及其数量。

(4)城镇水环境现状:搜集已有的监测资料,开展污染源调查、城镇水体环境特征调查、水质特征调查。查明水体周围的主要污染源和污染物,包括污染物种类、数量、排放方式、排排放规律等。

4.5.2　下垫面调查

(1)编制功能分区图。在一个较大的汇水单元,往往由一些不同的功能单元构成。按污染物来源、种类、产生与运移特征,可以将汇水单元划分为几种功能区:学校、机关、科研、商业、居住、工厂、农田及其他(特殊区或综合区)。功能分区时应该考虑:每一功能区具有 1 个雨水出水口,最好不超过 3 个;功能区间的雨水不混流;功能区内污染物种类、来源比较一致。功能区内的人口、社会经济、污染物产生等数据比较容易统计。

(2)编制下垫面类型图。为了提高污染物总量的统计分析精度及分析污染物产生和运移规律,需要将汇水单元内部划分为以下不同类型的下垫面:①屋面,无屋架、有屋架;②道路,水泥路面、沥青路面、简易公路、人行道;③绿地,人工草地、自然草地、人工林地、自然林地。

(3)开展汇水单元调查,调查统计每一功能区的人口及其分布、工业生产情况、商业销售情况和污染物排放情况及与面源有关的人类社会经济活动状况(如街道清洁、城镇管理等)。

4.5.3 采样技术

1）采样频率

依据降水过程和污染物种类产生排放的规律、特征曲线及费用函数曲线确定监控的时间频率。根据已有的资料和研究初期的监测资料，判断不同空间区域或城镇功能的水文-污染负荷特征曲线。以特征曲线为量度，初步确定出各监测点不同雨次的监测取样频率。

对于降水面源，只在降水发生时进行监测，一般要求能够对暴雨的形成过程进行高频率大采样，并测定环境因子和流量。样品的采集可按目的要求分为季、月、雨次及降雨过程等进行。常规监测点主要分布于大型居民居住区、工业区、文教区、商业区、经济技术开发区等的水文节点，采取不同下垫面径流水体。对于降水面源，每年至少监测 7 次降雨径流过程，其中包括 2 次大雨（＞25 mm 日降雨量）和 2 次暴雨过程（＞50 mm 日降雨量）。每次降水过程按流量消长曲线，中雨至少采样 3 次，大雨至少采样 5 次，暴雨至少采样 8 次，初期径流每 5～10 min 采样一次，降雨后期可适当延长采样时间间隔，采样时同时测定和记录流量，条件不允许的（如在地表进行采样监测），可在降雨监测数据的基础上，采用降雨径流模型得到径流过程。

2）环境因子的采样现场测定

对水体的基本物理性质进行现场测定。同时记录采样点周围环境状况、采样时的天气状况，以便于对监测结果的分析。

3）降水量的测定

降水是引起城镇面源污染的最重要因素，可以根据监测工作需要，对降水总量和降水过程进行监测。降雨总量测定可用雨量筒，降雨过程可用自记雨量计或自动雨量测定记录系统。

降水总量和降水过程也可以利用城镇气象监测站的资料，但应该注意暴雨的空间分布具有很大的空间变异。

4）样品保存和管理

执行《水质采样　样品的保存和管理技术规定（GB 12999—91）》。

4.5.4 分析方法

执行《地表水和污水监测技术规范（HJ/T 91—2002）》中附表 1 的测定方法。水样采集后当天立即用移动冰箱送实验室低温（4℃）保存，采样后 1 周内进行相关水质指标的测定，具体指标内容和方法见表 2-1。

质量控制贯穿于整个监测过程，以保证所获数据具有代表性、完整性、可比性和可靠性。必要时可以采用示踪法对降水径流的产生、传输和汇流过程进行跟踪观测。

需要有专门的质量控制和检测程序对采样方法进行定期考察,特别是对样品的运输、固定和储存方法进行考察。质量控制可采取对采样仪器的校验和检定、现场空白检验、采集平行样品和加标回收实验等方法。应对所有采样方法按特定设计采用现场质检和审查步骤定期进行试验,以检验这些方法的有效性。

4.6　适用范围及注意事项

本方法简便易行,适应性强,可广泛适用于基本的城镇非点源污染造成的负荷研究。

需要注意的是,在对城镇非点源污染进行采样监测前,须做好对城镇非点源污染的资料收集以及汇水单元的调查,这些前期的资料收集、调查等准备工作是后续采样监测时点位选取、频率设置以及具体核算的必要准备和基础。

4.7　城镇非点源产污系数表

根据现有资料和收集文献数据,对不同地区不同下垫面污染物浓度及城镇不同土地利用类型非点源污染产排污系数进行汇总统计,如图 4-1 所示。

三种不同下垫面径流水质污染物除 TP 外浓度大小为道路＞草地＞屋顶,其中道路径流污染最为严重(COD、TN、NH_3-N 最高值分别达 438 mg/L、8.8 mg/L、4.5 mg/L),屋顶和草地径流污染物浓度相差不大(COD、TN、NH_3-N 平均浓度分别约为 125 mg/L、4.5 mg/L、1.5 mg/L),而草地的 TP 污染物浓度相对较高(最高达到 1.7 mg/L),和道路 TP(最高达到 1.9 mg/L)含量相差不大。路面径流的水质比屋面差,主要是由于城市路面径流雨水受到汽车尾气、轮胎磨损、燃油和润滑油、铁锈的污染所致。而草地是在降雨强度很大(超过入渗率)时才产流,草地径流的其他指标,如电导率、高锰酸盐指数、硫酸盐、氯化物等值也都低于其他下垫面的径流,说明绿地对其具有净化作用,部分污染物在降雨过程中已随下渗雨水进入土壤。土壤渗透对径流雨水中的难降解 COD 有较强的去除能力,净化效果与渗透深度密切相关,雨水下渗能力强,产生的径流量相对较少,对累积污染物质冲刷力弱。草地中 TP 含量较高可能是由于人工施肥对绿地磷含量产生影响而造成的,也与降雨对草地原有土壤的冲刷以及植物腐解作用等有关。

但在不同地区由于存在不同的自然气候及区域交通等条件,不同下垫面径流污染也有所差别。例如,巴黎、德国、意大利不同下垫面径流主要污染物的平均值小于我国北京、武汉、重庆等城区。北京和重庆屋面和道路径流水质悬浮固体含量(约为 59～435 mg/L)及有机污染情况明显高于其他地区(17～60 mg/L),北京屋

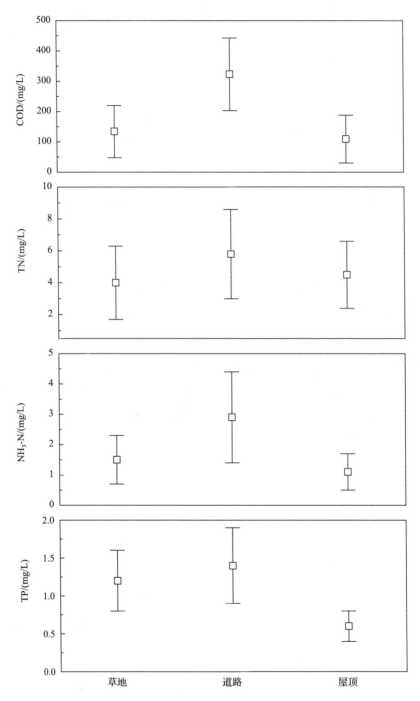

图 4-1 文献报道中不同下垫面 COD、NH₃-N、TN、TP 浓度情况（95％置信度）

面径流 COD(188 mg/L)浓度甚至是武汉及国外(24~55 mg/L)监测的结果数倍，北京市屋面材料中析出大量有机物也可能是屋面有机污染较为严重的原因之一，也说明北京、重庆等城区大气污染情况较为严重。巴黎、德国屋面径流 COD 平均值和北京天然雨水的平均值接近(24~87 mg/L)，但都低于北京屋面 COD 值，而和武汉屋面的 COD 值相差不大。另外，北京、重庆城区和滇池流域的路面径流水体氮磷污染浓度(TN、TP 平均浓度分别约为 8.1 mg/L 和 1.5mg/L)明显高于德国和武汉城区(TN、TP 平均浓度分别约为 6.0 mg/L 和 0.6 mg/L)，滇池流域、重庆城区的路面径流氮磷污染较屋面严重，而德国和北京城区则是屋面污染更为严重。同国内城市相比，气候湿润的武汉市汉阳地区屋面径流水质(COD、TN、TP 平均浓度分别为 50 mg/L、5.2 mg/L、0.2 mg/L)明显好于北京城区(COD、TN、TP 平均浓度分别为 188 mg/L、8.0 mg/L、0.4mg/L)，这一特点反映了汉阳地区湿润气候条件下大气干湿沉降小，建筑屋顶污染程度低。另一方面，汉阳地区的降雨量和降雨次数要明显高于北京，降雨的频繁冲刷、屋顶的污染物累积周期短也是其径流水质相对较好的主要原因之一。各城市径流水的生化需氧量(BOD)浓度都相对较低，表明城市径流的可生化性差。

对于不同的区域，城镇径流污染物浓度大小总体为工业区＞商业区＞居民区，工业区受一定的工业材料物质污染，随降雨雨水冲刷造成地表径流中污染物浓度较高；商业区交通流量较大，主要受道路路面汽车尾气、轮胎磨损、燃油和润滑油、铁锈等的污染；居民区主要是生活垃圾、生活污水等污染影响径流水质。

综合来看，城镇暴雨径流污染物浓度主要受降雨特性和不同下垫面的影响。降雨特性包括降雨量、降雨强度、降雨历时和前期晴天数。在降雨初期由于径流的冲刷而具有较高的浓度，表现出良好的初始冲刷效应，但是降雨量及降雨强度的增大，导致污染物质被迅速稀释从而发生污染源的衰减及耗竭效应，使得各项污染物质的 EMC 值趋于减小，与降雨量、降雨强度呈现负相关关系。降雨历时的增加使得下垫面的污染物质得以充分释放，随之而来的效应就是 EMC 值的增加。此外前期晴天数的增长，导致污染物质在下垫面发生累积，时间越长污染物质累积越丰富，所以 EMC 值与降雨历时、降雨前期晴天数呈正相关关系。对于不同下垫面，道路径流污染主要受路面交通量情况的影响，路面径流污染与汽车交通密切相关。而汽车排放的污染物质，如 NO_x、SO_2、HC、醛类、有机酸和颗粒物质等，在沉降和雨水冲淋作用下，大部分将通过地表径流迁移至地表水体中(Chui et al.,1982)。

对屋面而言，屋面材料的种类是最重要的因素。除了降雨的冲刷和稀释作用外，屋面材料的性质，如材料的类型、新旧程度等是水质污染的最根本原因。油毡屋面明显地比瓦屋面污染严重：瓦屋面的雨水径流水质比较稳定，而油毡屋面的雨水水质变化幅度很大。除此之外，城市降雨地表径流污染还受大气污染状况、城市土地利用类型、城市路面交通状况、气候温度以及城市排水体制等方面影响，要减少城市面源污染负荷,可以从改善大气污染质量、加快城市地表的清扫、合理进行土地利用开发、加快城市绿化等方面采取措施。

4.8　示范实例

4.8.1　研究区域概况

紫金港社区,位于浙江省杭州市西湖区三墩镇东南面,东起古墩路,西至花蒋路,南起余杭塘河,北至留祥路。辖区总面积 3.83 km²,包括两个住宅小区,港湾家园小区和圣苑小区,共有住宅楼 44 幢,64 个单元,居民 2799 户,总人口数 7854人,其中常住人口 5292 人。

基本资料的收集、处理是城镇面源污染研究的基础工作,收集了大量资料,主要包括:近年来多场次暴雨资料;研究区域及其附近区域高精度数字地形图;研究区域内新河浦涌水系基本概况,包括土地利用类型、土壤类型分布;道路管网、建筑物分布、排水管网等相关资料;社会经济发展资料等。

4.8.2　现场监测方案

1) 监测点选取

选取居住区屋面、道路、草地 3 种典型下垫面作为监测对象。

屋面选择平顶的小区屋面,道路选取有一定坡度的路段,草地选取具有坡度草坪。

各采样点应具有代表性,且周围有明显的标记物,方便每次在同一地点采样。

2) 采样

在暴雨季节密切关注天气情况,并安排好三组人,每组一人,分别前往指定的各典型排水区监测点进行现场水质取样。进行水质取样时按下列操作执行:降雨过程中视降雨强度大小采集,采样从径流形成时开始,每 5～10 min 采集一次,若降雨持续时间比较长,后期适当延长采样的时间间隔,考虑汇流时间,降雨结束后,采样持续至降雨结束后的半小时。

采样时用高密度聚乙烯采样瓶进行。水质采样每次取样 500 mL。样品采集后按照《水和废水监测分析方法》(第 4 版)(国家环境保护总局,2002)进行预处理、保存和分析,分析项目包括:COD、NH_3-N、TN、TP 等。

3) 预处理与保存

将每次取得的水样在现场混合均匀后分 A、B 两个采样瓶保存,A 装 100 mL,B 装 400 mL,并在 B 中加入浓硫酸做预处理。A 中的水样用于 TP 浓度的监测,B中的水样用于 COD、TN、氨氮浓度的监测。

取样后尽快拿回实验室进行各项指标的测定,若不能马上进行测定,则须将样品放入冰箱保存。

4) 采样现场器材与药品

水质采样瓶、计时器、胶头滴管、稀硫酸等若干。

4.8.3　水质监测结果与分析

在 2014 年 6~8 月,分别采集屋面、道路和草地有效水样 3 次共 70 组数据。表 4-1~表 4-3 为 3 次采样屋面、道路和草地的水样水质指标统计值。

表 4-1　屋顶场次降雨水质指标

日期	降雨量/ mm	降雨历时/ min	前期晴 天数/d	浓度次 统计	COD / (mg/L)	NH₃-N/ (mg/L)	TN/ (mg/L)	TP/ (mg/L)
2014.6.16	25.2	24	15	平均值	82	1.64	4.60	0.24
				最小值	45	1.06	3.20	0.11
				最大值	147	1.98	6.00	0.39
2014.7.12	31.2	80	2	平均值	37	1.00	2.30	0.07
				最小值	21	0.60	1.20	0.03
				最大值	77	1.80	4.60	0.15
2014.8.16	13.6	219	2	平均值	65	1.05	3.20	0.15
				最小值	32	0.76	2.10	0.08
				最大值	88	1.65	5.30	0.24

表 4-2　马路场次降雨水质指标

日期	降雨量/ mm	降雨历时/ min	前期晴 天数/d	浓度次 统计	COD / (mg/L)	NH₃-N/ (mg/L)	TN/ (mg/L)	TP/ (mg/L)
2014.6.16	25.2	24	15	平均值	202	2.28	8.20	1.07
				最小值	79	1.12	4.20	0.23
				最大值	311	2.56	9.50	1.44
2014.7.12	31.2	80	2	平均值	104	1.78	4.20	0.27
				最小值	65	0.92	2.40	0.12
				最大值	178	2.44	6.80	0.39
2014.8.16	13.6	219	2	平均值	110	1.85	6.80	0.45
				最小值	80	1.33	5.30	0.15
				最大值	170	1.96	7.90	0.57

表 4-3　草地场次降雨水质指标

日期	降雨量/ mm	降雨历时/ min	前期晴 天数/d	浓度次 统计	COD/ (mg/L)	NH₃-N/ (mg/L)	TN/ (mg/L)	TP/ (mg/L)
2014.6.16	25.2	24	15	平均值	93	1.24	5.00	0.47
				最小值	54	0.89	3.60	0.15
				最大值	125	1.96	6.50	0.59
2014.7.12	31.2	80	2	平均值	48	0.80	1.60	0.28
				最小值	22	0.36	0.08	0.08
				最大值	70	1.23	2.80	0.43
2014.8.16	13.6	219	2	平均值	53	0.72	2.50	0.33
				最小值	32	0.59	1.80	0.11
				最大值	77	0.86	3.40	0.51

　　对比 3 次降雨情况和污染物浓度特征可知,降雨对污染物有稀释作用,在相同的污染物累积量条件下,降雨量越大,雨水对污染物的稀释作用越强,径流中污染物的浓度就会降低,降雨历时的增加使得下垫面的污染物得以充分释放,随之而来的效应就是污染物浓度值的增加。此外前期晴天数的增长,导致污染物质在下垫面发生累积,时间越长污染物质累积越丰富,因而前期晴天数越长,各下垫面污染物浓度值越高。

　　对比屋面、道路和草地 3 种下垫面 COD、TN、TP、NH₃-N 等污染物浓度情况,道路的径流水质最差,屋面和草地径流中各污染物浓度除 TP 外相差不大。路面径流的水质差,主要是由于城市路面径流雨水受到汽车尾气、轮胎磨损、燃油和润滑油、铁锈的污染。同时,草地对径流污染具有一定的净化作用,部分污染物在降雨过程中已随下渗雨水进入土壤。但草地的 TP 含量较屋顶高,可能是由于人工施肥对绿地磷含量产生影响而造成的,也与降雨对草地原有土壤的冲刷以及植物腐解作用等有关。

　　图 4-2~图 4-5 为一次降雨过程中径流水体各污染物浓度随径流形成时间的变化情况,从图中可知,3 种下垫面条件对同一种污染物的贡献率有所差异,但污染物浓度随时间变化的规律相似,初期污染物浓度非常高,由于冲刷效应,后期浓度明显下降,到末期 3 种下垫面条件污染物浓度则相差不大。降雨初期和后段时间径流中污染物的浓度会有较大差别。一般来说,相邻两场降雨的间隔时间越长,则累积的污染物量越大,降雨初期径流中污染物的浓度也就越高;而降雨强度越大,雨水对地面的冲刷能力也越强,因此造成不同场次降雨下初期径流中污染物浓度的差异。随着地表径流的冲刷,各下垫面上残留的污染物有所减少,使得降雨后段时间径流中污染物浓度显著减少。

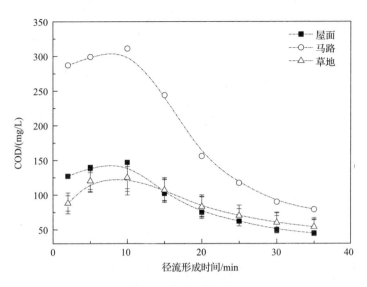

图 4-2　径流水体 COD 浓度随径流形成时间的变化

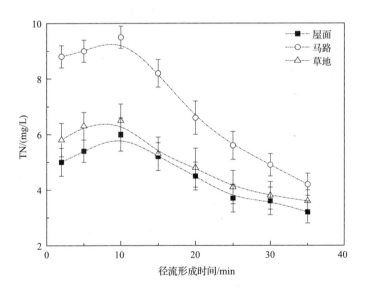

图 4-3　径流水体 TN 浓度随径流形成时间的变化

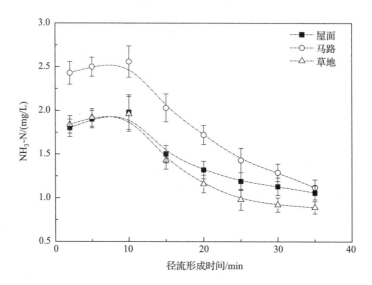

图 4-4　径流水体 NH_3-N 浓度随径流形成时间的变化

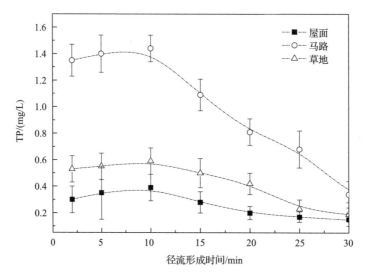

图 4-5　径流水体 TP 浓度随径流形成时间的变化

4.8.4　产排污系数核算

　　根据降雨量和降雨径流模型(SCS)即可计算得出径流深,再结合调查的汇水面积即可计算出场次降雨的径流量。获取场次雨径流中各污染物平均浓度 EMC 和径流量后,依据前述平均浓度法即可对该研究区城镇暴雨径流污染负荷进行核算。测算得到 3 场降雨各下垫面污染负荷(即产排污系数)如表 4-4 所示。

表 4-4　不同下垫面单位面积径流冲刷污染物负荷　(单位:kg/hm²)

下垫面类型	降雨日期	COD	NH₃-N	TN	TP
屋面	2014.6.16	20.67	0.42	1.16	0.06
	2014.7.12	11.55	0.31	0.72	0.02
	2014.8.16	8.84	0.14	0.44	0.02
	平均值	13.69	0.29	0.77	0.03
马路	2014.6.16	50.91	0.58	2.07	0.27
	2014.7.12	32.45	0.56	1.31	0.09
	2014.8.16	14.96	0.25	0.93	0.07
	平均值	32.77	0.46	1.44	0.14
草地	2014.6.16	23.44	0.32	1.26	0.12
	2014.7.12	14.98	0.25	0.5	0.09
	2014.8.16	7.21	0.1	0.33	0.05
	平均值	15.21	0.22	0.70	0.09

第 5 章　小流域非点源污染负荷核算方法

5.1　引　　言

太湖流域浙江片区山区小流域较多,而这些小流域工业污染往往较少,主要以农业非点源污染为主,并且以复合形式存在,如农田氮磷排放和农村生活污染的复合。农村生活污水对小流域氮磷污染贡献较大,对非点源复合型小流域产排污系数的核定一直是生态环境领域研究的热点。随着人们生活水平的提高,水体的危害日益加剧。本研究以太湖流域内典型山区小流域为例,利用降雨实地观测资料,每月采集分析降雨期和非降雨期内污染源源强和河流氮磷浓度水平,揭示小流域年内非点源污染负荷情况,以期为分析典型小流域降雨期与非降雨期磷素流失规律与其对水环境的影响提供科学依据。

5.2　核算方法原理与优点

非点源污染包括两个过程:①非点源污染负荷的坡面产生-输移过程,即累积在流域地表的污染物受到降水的冲刷作用,随着径流的形成和泥沙的输移在流域内增加和衰减,最终到达河道;②非点源污染物在河道内的迁移转化过程(Srinivasan et al.,1994;William et al.,2010)。现有的大量研究主要针对非点源污染负荷,由于非点源污染的复杂性,通常将其看作一个灰箱(程红光等,2006),构建污染负荷模型。

由于非点源污染监测难度大、费用高,以及重视不够等原因,我国几乎没有系统的长系列非点源污染监测资料,常常只有几场暴雨径流过程的水质水量同步监测数据。因此,如何根据有限的资料估算非点源污染负荷量,特别是多年平均及不同频率代表的年负荷就成为水质预测和水质规划的重要基础。本研究主要通过流域污染物质质量及流量守恒,并通过实测结合平均浓度法(李怀恩,2000)进行核算。

降雨径流是形成非点源污染的主要影响因素(李家科,2009),据此,根据监测资料建立了水质水量关系。本书将径流监测期分为降雨期和非降雨期,并将水质水量相关关系应用于地表径流,从而提出在有限资料条件下估算降雨径流污染负荷量的水质水量相关法(洪小康等,2000),进一步得出污染物负荷。

流域产排污系数在小流域尺度上定义为在单位面积或单位个体累计在流域坡面的污染物为降雨冲刷(或人为)形成的污染负荷增量。为研究农业非点源的入河增量,通常选取山地丘陵小流域作为研究对象,选取的小流域点源污染影响小,地形地势分析简单,有利于流量测定以及采样工作的开展。

5.3　核算方法要求

5.3.1　对基础资料的要求

本核算方法依据天气状况开展研究,因此须得到实时气象消息及累计降雨情况,所需的资料及要求如下:

(1) 研究区域实时气象资料。

(2) 研究小流域内河网的水系分布图、土地利用及地形地势图。

上述资料应尽量采用最近更新版本,与实际情况保持一致,同时对数据要进行仔细核查,对明显错误进行删除或更正。

5.3.2　监测时间及频次要求

为确保监测数据可用性,每月至少监测一场降雨,监测时间为整个降雨过程。为确保非降雨期监测数据的有效性,采样时段包含监测当天各代表时段。由于降雨期采样在时间控制上存在一定的困难性,尽量保证逢中到大雨必测。为确保数据的科学性,对未能监测到整个降雨过程的监测值进行剔除。

5.4　硬 件 设 置

所需器材:流量仪,采样瓶,计时器等;采样可直接装入高密度聚乙烯水样瓶。

因本方法需要对多个点位的流量进行准确计量,因此须配备相应的流量仪,并且需要与流量仪相匹配的笔记本电脑。

用于作图及数据分析的高配置电脑一台,利用 Excel 2010、SPSS 19.0 软件对数据进行统计作图,所有数据测定结果均以 3 次重复的平均值表示,方差显著性分析采用 LSD 法。

5.5　操 作 方 法

5.5.1　采样点布设

在监测区域上下游选择形状规则的流域入口和出口各一个,用于开展流量和水质监测工作。

5.5.2　采样操作

（1）水质监测点的监测时段为 2014 年 1～12 月,监测主要分为降雨期和非降雨期。根据实时天气状况开展采样。

（2）非降雨期监测主要是为了测定当地污染物浓度水平,采样频率设置为每月一次,监测每次持续一天,采样时间分布主要在该天上午 7 点至 9 点,中午 10 点至 12 点,下午 4 点到 6 点,每个监测点每隔一小时采一次样,一天共采样 9 次,河道断面监测点分为竹林径流(河流经上游竹林入村庄处)和出口(小流域总出口),出口断面形状规则,可使用 STARFLOW 超声波多普勒流量计对流量进行实时测定。此典型小流域内有三条明显的支流,分别设置三个采样点表示竹林径流,出口则位于村庄下游,河流在此处流出小流域。农村生活污水采样点位于污水管道入河处与河道断面监测点开展同步监测。

（3）降雨期监测采样频率与非降雨期一致,采样时根据瞬时流量变化合理安排采样频次,并记录采样时刻的瞬时流量。其中增加对农田采样点(W5)的同步监测,当水样采集完毕后,以每个水样采集时刻的瞬时流量为体积权重制备混合水样,其体积均为 500 mL,采用高密度聚乙烯瓶盛装带回实验室进行水质分析。

（4）每次取得的水样须在现场混合均匀,然后分 A、B 两个采样瓶保存,A 瓶须装满不留气泡,在 B 瓶中须加入硫酸做预处理。每个水样瓶都应贴上标签(填写采样时刻或次序,是否加酸等);要塞紧瓶塞,必要时还要密封。A 瓶的水样用于 TP 的监测,B 瓶的水样用于 TN 浓度的监测(姚锡良,2012)。

（5）样品预处理后,按照《水和废水监测分析方法》(第 4 版)(国家环境保护总局,2002)进行保存。根据采样点的地理位置和测定项目最长可保存时间,选用适当的运输方式,并做到以下两点:①为避免水样在运输过程中振动、碰撞导致损失或沾污,将其装箱,并用泡沫塑料或纸条系紧,在箱顶贴上标记;②若不能马上进行测定,则须将样品放入冰箱保存。

（6）严格按照国家和环境保护行业标准监测分析方法进行相关指标的测试分析,见表 2-1。

5.5.3　数据处理

小流域非降雨期氮磷流失主要来自上游竹林和农村生活,因竹林径流断面不规则,流量仪难以准确确定其流量。本书尝试在污染物质质量守恒及流量守恒的假设前提下(丁晓雯等,2006),根据竹林径流和出口断面的氮磷浓度水平,通过将以下公式联立,计算农村生活流量(以流量形式表征农村生活排水量)和竹林径流断面流量,进而计算此区域非降雨期的氮磷负荷:

$$C_{竹林径流} \times Q_{竹林径流} + C_{农村生活} \times Q_{农村生活} = C_{出口} \times Q_{出口} \qquad (5\text{-}1)$$

$$Q_{竹林径流} + Q_{农村生活} = Q_{出口} \qquad (5\text{-}2)$$

$$R_{农村生活} = C_{农村生活} \times Q_{农村生活} \times 3600 \times 24 \times 10^{-6} \qquad (5\text{-}3)$$

式中，$C_{竹林径流}$为竹林径流断面实测氮磷浓度平均值（mg/L）；$C_{出口}$为出口断面实测氮磷浓度平均值（mg/L）；$C_{农村生活}$为农村生活实测氮磷浓度平均值（mg/L）；$Q_{出口}$为出口断面实测流量（L/s）；$Q_{竹林径流}$为计算得到的竹林径流断面流量（L/s）；$Q_{农村生活}$为计算得到的生活污水排放量（L/s）；$R_{农村生活}$为计算得到的农村生活日负荷强度（kg/d）。方程式(5-1)、式(5-2)中将$Q_{竹林径流}$、$Q_{农村生活}$作为未知量，在污染物质质量及流量守恒的基础上进行求解。将求解所得$Q_{农村生活}$以及监测所得$C_{农村生活}$通过方程式(5-3)计算得到农村生活日负荷强度。

实际小流域氮磷流失负荷可由上下游及主要污染来源的水质监测获得，假设降雨期产生的氮磷负荷主要因冲刷农田和竹林产生，区域降雨期农田和竹林产生的氮磷负荷，在污染物质质量守恒及流量守恒的假设前提下（丁晓雯等，2006），可建立如下关系式：

$$C_{农田径流} \times Q_{农田径流} + C_{竹林径流} \times Q_{竹林径流} + R'_{农村生活} = C_{出口} \times Q_{出口} \qquad (5\text{-}4)$$

$$Q_{农田径流} + Q_{竹林径流} + Q_{农村生活} = Q_{出口} \qquad (5\text{-}5)$$

$$R_{农田径流} = C_{农田径流} \times Q_{农田径流} \times 3600 \times 24 \times 10^{-6} \qquad (5\text{-}6)$$

$$R_{竹林径流} = C_{竹林径流} \times Q_{竹林径流} \times 3600 \times 24 \times 10^{-6} \qquad (5\text{-}7)$$

$$R_{降雨} = R_{农田径流} + R_{竹林径流} \qquad (5\text{-}8)$$

式中，$C_{出口}$为出口断面实测氮磷浓度平均值（mg/L）；$C_{农田径流}$为农田径流实测氮磷浓度平均值（mg/L）；$C_{竹林径流}$为竹林径流实测氮磷浓度平均值（mg/L）；$Q_{出口}$为出口断面实测流量（L/s）；$Q_{农田径流}$为计算得到的农田径流流量（L/s）；$Q_{竹林径流}$为计算得到的竹林径流流量（L/s）；$Q_{农村生活}$为非降雨期计算得到的生活污水排放量（L/s）；$R'_{农村生活}$为非降雨期计算得到的农村生活负荷强度（kg/s）；$R_{农田径流}$为该典型区域降雨期农田径流氮磷日负荷强度（kg/d）；$R_{竹林径流}$为该典型区域降雨期竹林径流氮磷日均负荷强度（kg/d）；$R_{降雨}$为该典型区域降雨产生的氮磷日均负荷强度（kg/d）。将非降雨期换算所得$R'_{农村生活}$代入方程式(5-4)中及$Q_{农村生活}$代入式(5-5)中，联立方程式(5-4)、式(5-5)解得$Q_{农田径流}$、$Q_{竹林径流}$。分别将监测所得$C_{农田径流}$、$C_{竹林径流}$以及计算所得$Q_{农田径流}$、$Q_{竹林径流}$代入式(5-6)、式(5-7)中解得$R_{农田径流}$、$R_{竹林径流}$。进一步通过式(5-7)中$R_{农田径流}$、$R_{竹林径流}$相加得到$R_{降雨}$。

根据前期农村生活氮磷负荷、农田径流氮磷负荷、竹林径流氮磷负荷，结合雨量与氮磷负荷关系，可计算该地区每月单位面积非点源污染氮磷负荷强度：

$$\lambda = R/A \qquad (5\text{-}9)$$

式中，R为该典型区域每月氮磷负荷强度（kg/month）；A为该典型区域面积；λ为计算得到的该地区每月单位面积非点源污染氮磷负荷强度[kg/(month·hm²)]。

5.6　适用范围与注意事项

(1) 实验区域边界清楚,区域内河流流向明确,流量可实时测定,没有往复流现象。

(2) 实验区域中的污染源种类应清晰明了,排污量可定量评估,且无较大工业源。

(3) 实验区域周围应有气象监测站,便于收集该地降水、气温情况。

5.7　示 范 实 例

5.7.1　研究区域概况

全城坞村小流域($119°41'50.12''\sim119°43'50.92''$E, $30°29'23.82''\sim30°27'37.59''$N)位于浙江省杭州市余杭区鸬鸟镇,东邻黄湖,南连临安市横畈,北接百丈,西接安吉县山川乡(图 5-1),占地面积约 647.14 hm^2,人口为 1028 人;全年平均气温 17.5℃,夏季平均气温 16.2℃,冬季平均气温 3.8℃,无霜期 230~260 天,平均相对湿度 70.3%,年降水量约为 1454 mm,年日照时数约为 1765 h。境内河

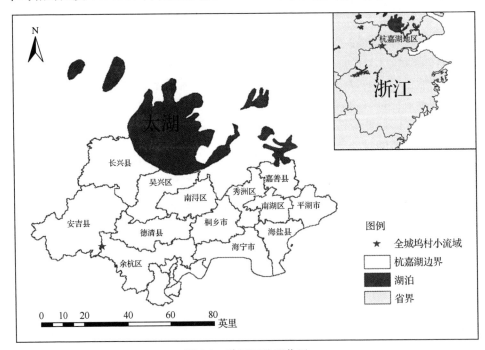

图 5-1　验证区地理位置

流均起源于区域内山地,封闭性好,监测方便。流域平均坡度为 19.46°,主要地类为林地、农田、农村生活用地;其中农田占地 18.92 hm²,以水稻田为主,部分为蔬菜用地,农村生活用地为 18.07 hm²,主要集中在流域的中部地区。并通过收集离采样点最近的仙伯坑气象观测站降雨量、降雨历时、气温等气象数据,作为分析该小流域非点源污染的水文气象资料。

5.7.2　水质监测点布设

为研究全城坞村小流域氮磷产排污系数,根据该流域的水文、地类情况,在流域河道断面布设了 4 个水质监测点(其中包括 3 个上游竹林监测点位和 1 个流域总出口监测点位)、1 个农田径流监测区域以及 1 个农村生活监测区域,其编号分别为 W1、W2、W3、W4、W5 和 W6(图 5-2),主要监测指标为 TN、TP。

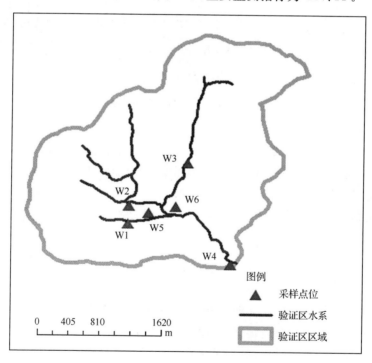

图 5-2　监测点位分布示意

5.7.3　降雨及流量变化特征

2014 年研究区域降雨量由浙江省实时雨水情网格化 WebGIS 实时发布系统获得(图 5-3),自 2014 年 1 月 1 日至 2014 年 12 月 31 日,该研究区域全年累积降雨量 1438.5 mm,其中 5~8 月份的降雨量占全年降雨量的 54%(全年最大的次降雨事件发生在 7 月 27 日,降雨量为 87 mm,最大雨强为 30 mm/h)。本地区降雨较多且雨量充沛。在该年的 1、2、11 月份降雨较少,三个月累计降雨量仅占全年降雨量的 18%。

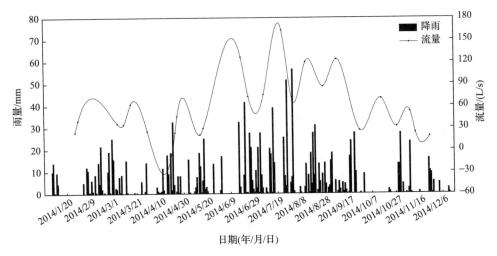

图 5-3　小流域日降雨量及河道流量变化

监测结果表明研究区域全年的监测平均流量为 78.71 L/s,其中,7 月份的平均流量最大,为 163.1 L/s,1、11 月份的平均流量较小,约为 39.0 L/s,月最大流量约为最小流量的 4 倍。自 6 月份起,因梅雨季节的长时间降雨,导致该区域在后三个月中河道流量高于 50 L/s。降雨是导致流量变化的关键因素,降雨的年内分布不均匀,使得流量呈现出季节性变化,流量高峰主要集中在夏季。

5.7.4　小流域监测结果分析

1. 氮磷流失特征

在 2014 年 1~12 月份,分别采集非降雨期流域竹林径流(W1、W2、W3)、农村生活(W5)及出口(W4)有效水样 12 次共 108 组数据,图 5-4~图 5-5 为非降雨期各监测点位氮磷浓度统计值;分别采集降雨期流域竹林径流(W1、W2、W3)、农田径流(W6)、农村生活(W5)及出口(W4)有效水样 12 次共 112 组数据,图 5-6~图 5-7 为降雨期各监测点位氮磷浓度统计值。

从图 5-4~图 5-5 中可以看出,非降雨期生活污水总氮浓度均值处于 3.75~8.54 mg/L 水平,总磷浓度均值处于 0.20~0.32 mg/L 水平。由于春夏两季农户月际用水不均,污水量的增加自然稀释了一部分污染物的浓度,在 2014 年 4~9 月份氮磷浓度均处于波动状态。总体看来,夏秋两季的污染物浓度水平低于春冬两季。同时通过对比研究图 5-4 与图 5-6、图 5-5 与图 5-7 中非降雨期与降雨期农村

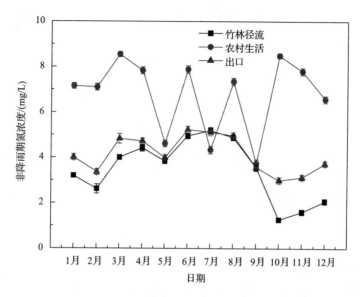

图 5-4　非降雨期氮浓度变化

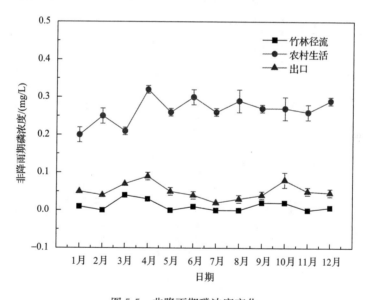

图 5-5　非降雨期磷浓度变化

生活污水中氮磷浓度变化发现,生活污水中每月氮磷浓度的变化差异不大,相对稳定,因此,在计算降雨期生活污染氮磷负荷强度时,可以假设降雨期与非降雨期无差异,并且在评估每月生活氮磷污染负荷强度中,以非降雨期农村生活污水采样日作为当月的代表日计算。

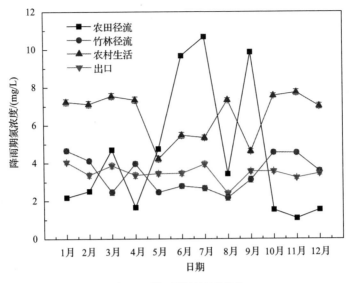

图 5-6　降雨期氮浓度变化

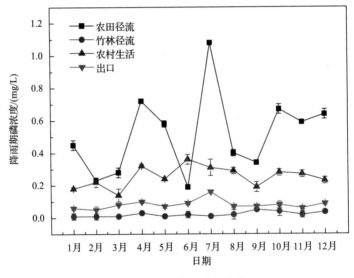

图 5-7　降雨期磷浓度变化

从图 5-6～图 5-7 中可以看出降雨期竹林径流总氮浓度均值处于 2.16～4.66 mg/L 水平,总磷浓度均值处于 0.20～0.32 mg/L 水平。其中 4、5 月份以及 9、10 月份竹林径流氮磷浓度普遍偏高,经调查是竹林施肥的原因,山间主要种植毛竹作为经济林种,因农事需要,一般会施用少量复合肥促进毛竹的生长,因此对水源产生了一定影响。降雨期农田径流总氮浓度均值处于 1.08～10.68 mg/L 水平,总磷浓度均值处于 0.19～1.08 mg/L 水平。在 5～11 月份的农田耕作期,氮磷浓度均值显著增高,在施肥期农田径流总氮浓度最高值超过 10 mg/L,总磷浓度最高值超过 1 mg/L,农田耕作期正值降雨高峰期,因此在 5~11 月份降雨期,农田径流污染是该研究小流域氮磷污染的重要组成部分。

2. 小流域日氮磷流失负荷强度

根据非降雨期污染物质质量方程式(5-1)及流量守恒方程式(5-2)计算得到农村生活流量,再结合监测所得农村生活浓度与调查所得该研究区域的农村生活人口,可计算得到 2014 年 1~12 月非降雨期农村生活污水负荷强度(即产排污系数)。经过非降雨期与降雨期农村生活,进一步监测得到农村生活污水浓度差异不显著,由此将非降雨期农村生活污水负荷强度作为该月农村生活污水负荷强度(表 5-1)。

表 5-1　农村生活污水流失情况

负荷强度/[g/(人·d)]	采样月份											
	1	2	3	4	5	6	7	8	9	10	11	12
总氮	2.91	3.38	3.28	1.37	1.48	4.49	2.02	1.25	1.96	4.53	5.12	3.69
总磷	0.08	0.11	0.08	0.13	0.09	0.19	0.13	0.17	0.16	0.14	0.13	0.06

总体而言,农村生活污水负荷强度随季节变化相对稳定,总氮负荷强度为 1.25~5.12 g/(人·d),总磷负荷强度为 0.06~0.19 g/(人·d)。与太湖流域农村生活污水产排污系数相关研究(王文林等,2010)结果,总氮排污系数为 3.15~5.25 g/(人·d)以及总磷排污系数为 0.22~0.37g/(人·d),较为接近。

降雨径流是形成非点源污染的主要影响因素(李家科,2009),根据非降雨期计算所得农村生活流失情况以及降雨期污染物质质量和流量守恒方程式(5-4)与式(5-5)计算得到农田径流及竹林径流的流量,再结合监测所得农田径流及竹林径流浓度,可计算得到 2014 年 1~12 月农田径流及竹林径流负荷强度,并通过农田径流与竹林径流负荷强度相加得到该流域降雨径流负荷强度(表 5-2)。

表 5-2　降雨期流失情况

负荷强度/(kg/d)		采样月份											
		1	2	3	4	5	6	7	8	9	10	11	12
农田径流	总氮	2.76	5.89	10.84	1.78	3.69	6.19	22.95	4.28	6.51	4.10	2.53	1.49
	总磷	0.09	0.01	0.31	0.16	0.07	0.66	2.01	0.37	0.09	0.12	0.06	0.07
竹林径流	总氮	8.12	1.06	6.57	10.06	3.46	26.84	30.49	18.97	29.46	12.77	6.76	1.73
	总磷	0.03	0.03	0.04	0.10	0.02	0.14	0.12	0.18	0.49	0.21	0.08	0.09
降雨径流	总氮	10.87	6.96	17.41	11.85	7.15	33.03	53.44	23.25	35.97	16.87	9.29	3.21
	总磷	0.12	0.04	0.35	0.26	0.09	0.78	2.12	0.55	0.58	0.33	0.13	0.11

对比分析农田径流全年氮磷流失情况得到 6、7 月份流失强度最大,经调查得到该地区一般种植单季稻,通常情况下在 6 月中下旬施基肥,7~8 月份再进行追肥,而菜地分布在农田周边,以种植日常食用品种(青菜、红豆、番薯等)为主,一般施用有机肥维持作物肥效,但种植种类以及耕作习惯差异导致施肥时段的不同也是导致农田径流氮磷流失负荷强度月际差异的一个重要因素。

对比分析竹林径流及降雨径流氮磷流失负荷可得,4~10 月份为氮磷流失的高峰期,该流域竹林总氮流失负荷强度普遍较高,该时期为丰水期且日降雨强度大。经过地理分析得到该地区竹林面积占 90% 以上,林地地势较陡,雨水的冲刷效应明显,造成的氮磷流失较大,因此丰水期竹林径流氮磷流失是造成该流域降雨径流氮磷流失的关键。

3. 小流域月氮磷流失负荷强度

根据每月降雨期采样时当天降雨量与本场次降雨产生磷素流失负荷强度(农田负荷与竹林负荷之和)建立起来的关系(图 5-8),可以看出此小流域降雨量与日氮磷流失负荷强度存在一定正相关性。再结合仙伯坑气象观测站得到该研究区降雨期采样日降雨量,可以求得该研究小流域 2014 年 1~12 月降雨日的氮磷流失情况(表 5-3)。

表 5-3　流域氮磷流失情况

月流失负荷	采样月份											
	1	2	3	4	5	6	7	8	9	10	11	12
总氮/(kg/hm²)	0.19	0.31	0.25	0.20	0.20	0.40	0.38	0.31	0.27	0.29	0.34	0.20
总磷/(g/hm²)	5.80	11.92	7.55	12.07	9.95	17.46	19.34	19.69	15.26	9.69	10.22	3.29

通过将该小流域每月降雨日氮磷流失量叠加得到月降雨流失负荷,结合日农村生活流失负荷强度与该月天数相乘得到月农村生活流失负荷,该流域每月氮磷流失总负荷主要由月降雨流失负荷以及农村生活流失负荷组成。进一步通过该小流域面积换算得到每公顷流域面积的氮磷流失负荷(即流域产排污系数)(表 5-3)。

该小流域每月单位面积非点源污染氮负荷强度为 0.19~0.40 kg/(month · hm²),磷负荷强度为 3.29~19.69g/(month · hm²)。在施肥与降雨的作用下,6~8 月份该小流域的氮磷流失情况相比其他月份较大。相关研究表明(李恒鹏等,2006),太湖地区蠡河流域非点源污染氮负荷为 0.98 kg/(month · hm²),磷负荷强度为 43.26g/(month · hm²),相比本研究所得值偏高,主要原因是蠡河流域耕地面积占总面积 41%,不同地类输出强度具有显著差异,耕地输出强度大于林地输出强度(黄金良等,2004;赵广举等,2012;刘瑞民等,2006)。

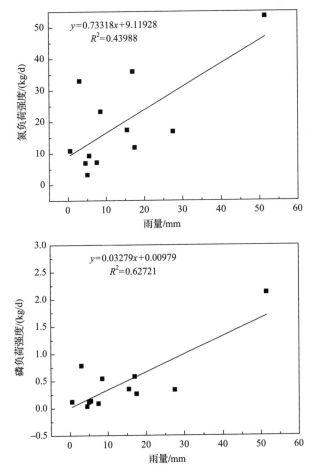

图 5-8　降雨期采样日小流域当天降雨量与降雨引起氮磷流失负荷强度的关系

5.7.5　小结

（1）非降雨期河流中氮磷浓度相对稳定,农村生活污染物流失是该研究小流域河流污染负荷增加的主要因素。农村生活污水总氮流失负荷强度为 1.25～5.12 g/(人·d),总磷流失负荷强度为 0.06～0.19 g/(人·d)。

（2）降雨期河流中的氮磷流失受降雨及当月农作物施肥的影响,主要流失负荷除生活污水外,主要来自于农田径流及竹林径流。在农田施肥季,该流域氮磷流失强度显著提高,7 月份降雨采样日由降雨产生的氮流失强度可达 53.44 kg/d,磷流失强度可达 2.12 kg/d。

（3）该小流域月单位面积非点源氮流失负荷强度最高可达到 0.40 kg/（month·hm²），磷流失负荷强度最大值为 19.69g/（month·hm²），说明农业非点源污染不可忽视。

（4）从整个小流域全年氮磷流失总体情况来看，6～8 月份是施肥与降雨的高峰期，非点源氮磷流失较其他月份显著增大，因此进行有效的水肥管理是控制农业非点源污染的关键因素。

第6章 大尺度流域非点源产排污模型核算方法

6.1 引　言

非点源污染一般具有发生分布差异性、随机性、污染途径不确定性、负荷时空性等特点,且往往与流域水文过程具有不可分割的关系。在进行非点源污染的量化研究及影响评价时,建立模拟模型,进行时间和空间序列上的模拟(郝芳华等,2006;王玉合等,2008)是最为有效和直接的方法。非点源污染模型通过对整个流域系统及其内部发生的复杂污染过程进行定量描述,为分析非点源污染产生的时间和空间特征、识别其主要来源和迁移路径、估算非点源污染产生的负荷及其对水体的影响提供帮助,可评估土地利用的变化以及不同的管理与技术措施对非点源污染负荷和水质的影响,为流域规划和管理提供决策依据(程炯等,2006)。目前,在非点源污染模拟方面先后建立的模型繁多,包括 NPS、ARM、STORM、ACT-MO、USLE、HSP、CREAMS、ANSWERS、SWAT 等。在本书的研究中,利用应用较多的 SWAT 模型进行核算。

SWAT (soil and water assessment tool)模型是美国农业部农业研究中心(USDA-ARS)开发的关于流域尺度、时间连续、基于过程的半分布式机理模型,可以在水文响应单元的空间尺度上模拟地表径流、入渗、侧流、地下水流、回流、融雪径流、土壤温度、土壤湿度、蒸散发、产沙输沙、作物生长、养分(氮、磷)流失、流域水质、农药/杀虫剂等多种过程以及各种农业管理措施(耕作、灌溉、施肥、收割、用水调度等)对这些过程的影响。由于该模型综合考虑了水文(包括地表水和地下水)、水质、土壤、气象、植被、植物生长、农业管理等多种过程,使其具有以水为主导的生态水文模型或环境水文模型的特征,而不再是传统意义上的水文模型(Arnold et al.,1995)。该模型自开发以来,就不断得到更新,使其在适应性、自动划分子流域、模型的参数化敏感性、模型的校准与验证及其与其他模型的整合等方面得以完善。此外,该模型与 GRASS、ArcView、MapWindows 以及 ArcGIS 等多种 GIS 平台集成,具有非常友好的用户界面,为模型运行所涉及的诸如流域边界、地形、土壤类型及其理化属性的空间分布、土地利用/覆盖、流域的空间离散化等大量空间数据的前后处理提供了强大的支持。与同类型模型相比,该模型不仅源代码开放易于获取,而且在性能方面也有许多独到之处,因而在模拟非点源污染、水文对环境变化的响应以及洪水短期预报等方面得到了大量的应用(Arnold et al.,1995)。

　　SWAT模型属于分布式模型,采用数学物理方法以离散化的方式描述流域空间尺度上水文要素和污染物质等参数的空间差异,在空间子单元上表示地形、土壤、植被等下垫面特征,降水、植被截留、蒸散发、下渗、地表径流和地下径流等水文特征,以及营养物质吸收、降解、硝化、存留等环境过程,不仅考虑了气象、水文、土壤、物理、化学、生物等自然过程,而且考虑了工业点源排放、农业养殖、城市扩张、人口增加、土地利用变化、农业种植制度和管理方式等人文过程。该模型具有以下特性(Croley et al. ,2005):①在处理流域内部的地理要素和地理过程在时空上的非均一性和可变性时,以子流域的空间单元划分方法,将一个大区域或流域离散化成更小的地理单元即水文响应单元(HRU)。在每个水文响应单元中,地形、土壤、土地利用等地理参数比较逼近水文或环境过程的真实性,有较强的物理基础。②比较适用于包含各种土壤类型、土地利用和农业管理制度的大流域,可以模拟和评估人类活动对水、沙、农业污染物的长期影响。③对营养物质模拟输出主要以氮和磷为主,包括有机氮、硝态氮、氨态氮、有机磷、矿物磷等变量。④模型的动力框架属时间连续的分布式模型,模拟的时间跨度可以以每日步长的方式从年、月到年代际。⑤与地理信息系统软件进行了集成,提升了空间数据前处理和后处理的能力,增强了可视化的操作功能和表达能力(程炯等,2006)。

6.2　模型基本原理与优点

6.2.1　基本原理

　　SWAT模型以研究流域数值高程模型(DEM)提供的地形数据为基础,计算流域内坡度与坡向,以判定地表径流可能路径,将整个研究流域按一定的子流域面积阈值划分为若干个子流域。在此基础上进一步按土地利用和土壤面积阈值划分水文响应单元(hydrologic response unit,HRU),它代表子集水区内单一地表覆盖、单一土壤类型和管理方式的地形区块,并采用概念性模型来估算HRU上的降雨、计算产流量和泥沙、污染物质产生量;然后进行河道汇流演算,最后求得出口断面流量、泥沙和污染负荷(康伟杰等,2007)。为提高精度,模型通常会离散成若干个具有独特的土壤类型和土地利用属性的子流域。SWAT模型的模拟过程可以分为子流域模块(产流和坡面汇流部分)和流路演算模块(河道汇流部分)两大部分。前者控制着每个子流域内主河道的径流、泥沙、营养物质等的输入量,后者决定径流、泥沙等物质从河网向流域出口的输移运动及符合的演算汇总过程(王中根等,2003a),如图6-1所示。

　　SWAT模型主要用来预测人类活动对水、沙、农业、化学物质的长期影响。它可以模拟流域内多种不同的水循环物理过程。由于流域下垫面和气候因素具有时

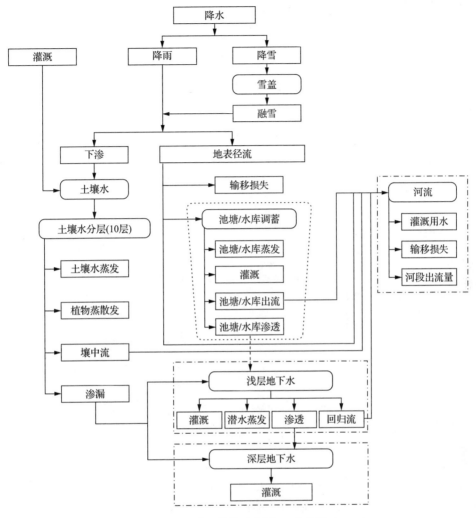

图 6-1 SWAT 模型结构示意图(王中根等,2003a)

空变异性,为了提高模拟的精度,通常 SWAT 模型将研究流域细分成若干个单元流域(王中根等,2003b)。SWAT 模拟的流域水文过程分为水循环的陆面部分(即产流和坡面汇流部分)和水循环的水面部分(即河道汇流部分)。前者控制着每个子流域内主河道的水、沙、营养物质和化学物质等的输入量;后者决定水、沙等物质从河网向流域出口的输移运动(肖军仓等,2010)。

1. 陆地阶段

SWAT 模型水文循环和陆地循环部分主要由天气和气候、水文、沉积、土壤温度、作物产量、营养物质和农业管理等部分组成。图 6-2 表示了模型的水文循环过程(王中根等,2003a)。

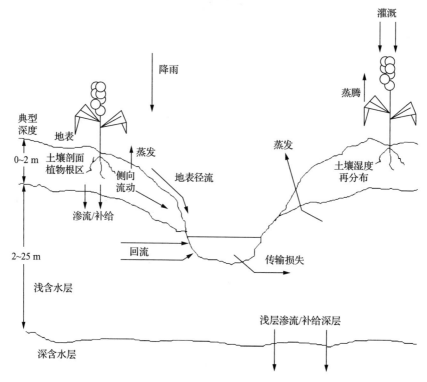

图 6-2　SWAT 模型水文循环过程

（1）天气和气候。流域气候为水文循环提供湿度和能量并决定了水循环中不同要素的相对重要性。湿度和能量控制着流域水量平衡。模型所需气候变量包括:日降雨量、最高最低气温、太阳辐射、风速和相对湿度。这些变量可通过模型自动生成,也可直接输入实测数据,太阳辐射、风速和相对湿度通常由于资料缺乏而由模型来生成。

（2）水文。水量平衡是 SWAT 模型的基础驱动,水文过程包括降雨、径流、下渗、蒸发蒸腾、基流、壤中流等过程(周春华等,2007),模型中采用的水量平衡方程式为:

$$SW_t = SW_0 + \sum_{i=1}^{t} (R_{day} - Q_{surf} - E_a - W_{seep} - Q_{gw})$$

式中,SW_t 为时段末土壤含水量,mm;SW_0 为时段初土壤含水量,mm;t 为计算时段;R_{day} 为第 i 天的降雨量,mm;Q_{surf} 为第 i 天的地表径流,mm;E_a 为第 i 天的蒸发量,mm;W_{seep} 为第 i 天的渗透量,mm;Q_{gw} 为第 i 天的基流量,mm。

（3）土地利用/植被生长。植被覆盖度直接影响降水再分配过程,植被的生长受温度、水分以及养分的影响。SWAT 模型利用某种单一植物生长模型来代替模拟所有类型的植被覆盖。植物生长模型用来计算水分和养分从植物根系层的迁移、蒸发量和生物数量及农业生产量。

（4）侵蚀。对每个 HRU 的侵蚀量和泥沙量采用 MUSLE 方程进行计算。用 MUSLE 模拟侵蚀和泥沙产量的好处在于模拟的预测精度提高了，减少了对输移比率的要求，同时能够估算单次暴雨的泥沙产量。水文模型支持径流流量和峰值径流率，结合子流域面积，用来计算径流侵蚀力。

（5）营养物质。

氮素：包含在径流、侧流和入渗中的 NO_3^- 通过水量和平均聚集度来计算。在地下的入渗和侧流中考虑了过滤的因素影响。降雨事件中有机氮的流失利用 McElory 等开发并经由 Williams 和 Hann 修改的模型来模拟。此模型不但考虑了氮元素在上层土壤和泥沙中的集聚，同时利用供求方法计算了作物生长的吸收。

磷素：溶解状态下的磷元素在表面径流中的流失，采用了 Leonard 和 Wanchop(1987)的研究方法。磷素分成溶解和沉淀两种状态进行模拟。磷元素的流失计算考虑了表层土壤聚集、径流量和状态划分因子等因素的影响。同时考虑了作物生长的吸收。

（6）土壤温度。土壤温度（地温）影响着植物的生长、发育和土壤的形成。土壤中各种生物化学过程，如微生物活动所引起的生物化学过程和非生命的化学过程，都受土壤温度的影响。

（7）农业管理。SWAT 模型可以模拟多年生植物的轮作（年数没有限制），年内最多可以模拟三季轮作，可以输入灌溉、施肥和农药/杀虫剂的数据来模拟多种农业管理措施的影响（肖军仓等，2010）。

2. 水文循环演算

（1）产流计算。

SWAT 产流计算包括 SCS 和 Green&Ampt 模型。其中，SCS 曲线数用得较多，该模型有以下基本假定：实际蓄水量 F 与最大蓄水容量 S 之间的比值等于径流量 Q 与降雨量 P 和初损 I_a 差值的比值；I_a 和 S 之间为线性关系。其中降雨 径流关系表达式如下：

$$\frac{F}{S} = \frac{Q}{P - I_a}$$

式中，P 为一次性降雨总量，mm；Q 为地表径流量，mm；I_a 为初损，mm，即产生地表径流之前的降雨损失；F 为后损，mm，即产生地表径流之后的降雨损失；S 为流域当时的最大滞留量，mm，是后损 F 的上限。其中，

$$I_a = a \times S$$

式中，a 为常数，在 SCS 模型中一般取为 0.2。

根据水量平衡,可得:

$$F = P - I_a - Q$$

式中,$Q=(P-I_a)^2/(P-I_a+S)$,其中 $S=25400/CN-254$。

CN 值可针对不同的土壤类型、土地利用和植被覆盖的组合查表获得。CN 值是无量纲的,反映降雨前期流域特征的一个综合参数,并将前期土壤湿度、坡度、土地利用方式和土壤类型状况等因素综合在一起(李峰等,2008)。

(2)蒸发模拟:蒸散发包括冠层截留水蒸发、蒸腾和升华及土壤水的蒸发。蒸散发是水分转移出流域的主要途径。准确地评价蒸散发量是估算水资源量的关键,也是研究气候和土地覆被变化对河川径流影响的关键问题。

6.2.2 SWAT 模型优点

SWAT 模型可用于评价土地利用管理等人类活动对流域水循环、泥沙、农业污染物质迁移的长期影响和作用。该模型属于物理和概念结合的模型,具有很强的物理基础,能够考虑天气、土壤性质、地形、植被、人类土地管理的综合作用,同时能够灵活处理各种复杂条件,比较适合于长时间尺度的水文循环和物质循环研究,而非短时期水文预报,适用于宏观尺度的模拟。相对最多只能模拟 10 个子流域,适合于几百平方公里面积模拟的 SWRRB 模型来说,SWAT 模型能够模拟更多的子流域,模拟范围得到很大的扩展。SWAT 模型的优点总结如下:

(1)开放源模型,模型相关研究文档丰富、源代码容易获得。

(2)模型开发时间较长,比较成熟,至今已有 20 余年。

(3)分布式模型,模型易于理解和掌握,同时计算速度较快;比概念性模型更能体现水循环的物理机制,同时精度更好。

(4)物质循环考虑比较全面,能模拟的物质迁移种类多,应用面广。

(5)能够充分利用土地利用等遥感信息。

(6)积累了较丰富的基础数据库,如作物、农药、化肥等。

6.3 系统或硬件设置

系统需求:

■ 硬件:处理器 2 GHz 以上;

■ 1 GB 以上内存;

■ 500 M~1.25 G 的硬盘剩余空间

■ ArcSWAT(ArcGIS9.3.1 版本):Microsoft Windows XP 或 Windows 2000 及其以上版本;

■ Microsoft. Net Framework 2.0 及其以上版本;

■ ArcGIS ArcView 9.3.1 service pack1 注意：ArcSWAT2009.93.x 应该与 ArcGIS9.3.x 其他版本兼容；

■ ArcGIS Spatial Analyst 9.3.1 extension ；

■ ArcGIS DotNet support （通常在 C:\ProgramFiles\ArcGIS\DotNet\）。

6.4　操　作　方　法

6.4.1　ArcSWAT 文件内容引言

ArcSWAT 需要借助于 GIS 平台运行，因此在运行之前须将 ArcSWAT 作为一个插件载入 Arcmap 界面中，运行模型时须新建 SWAT 工程。

通过 SWAT 模型自带的例子 1 的操作演示 SWAT 模型的操作过程。

例子 1：（位于安装目录\ Databases\Example1）（图 6-3）。

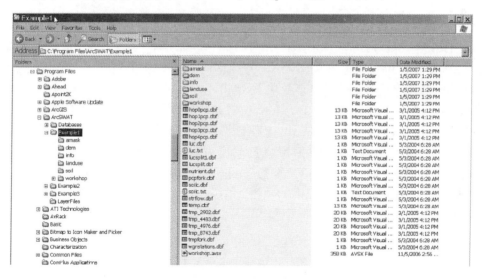

图 6-3　SWAT 安装目录

该例子包括 4 个栅格数据、16 个 DBF 表格和 2 个文本文件。4 个栅格数据是：

DEM：LakeFork 流域的数字高程模型（DEM）栅格数据。图件投影类型 Albers Equal Area，分辨率单位是 m，海拔单位是 m。

amask：DEM Mask 栅格数据。图件投影类型 Albers Equal Area，分辨率单位是 m。

landuse：Lake Fork 流域的土地覆盖/土地利用栅格数据。图件投影类型 Albers Equal Area，分辨率单位是 m。

soil：Lake Fork 流域的土壤栅格数据。图件投影类型 Albers Equal Area，分辨率单位是 m。土壤栅格是 STATSGO 土壤图。

DBF 表格和文本文件是:

USGS 河道径流测站位置表:strflow. dbf。

河道内营养物监测点位置表:nutrient. dbf。

降水测站位置表:pcpfork. dbf。

降水数据表:hop0pcp. dbf,hop1pcp. dbf,hop2pcp. dbf,hop3pcp. dbf,hop4pcp. dbf。

气温测站位置表:tmpfork. dbf。

气温数据表:tmp_2902. dbf,tmp_4483. dbf,tmp_4976. dbf,tmp_8743. dbf。

用来创建自定义气象生成器数据集的气象站位置表:wgnstations. dbf。

土地利用索引表:luc. dbf。

土地利用索引文件:luc. txt。

土壤索引表,STMUID 选项:soilc. dbf。

土壤索引文件,STMUID 选项:soilc. txt。

6.4.2　新建 SWAT 工程

打开 ArcMap 选择 A new empty map,在 Tools 菜单下,单击 Extensions,确认已经勾选 SWAT Project Manager、SWAT Watershed Delineator 和 Spatial Analyst 等 3 个模块。在 SWAT Project Setup 菜单下,单击 New SWAT Project 命令。在 Project Setup 对话框中,设置 Project Directory 位置,并命名为"lakefork"(可任意命名)。SWAT Project Geodatabase(SWAT 工程数据库)会自动设置为"Output. mdb",而 Raster Storage(栅格存储)数据库会自动设为"RasterStore. mdb"。SWAT Parameter Geodatabase(SWAT 参数数据库)则为默认的安装目录的 SWAT2009. mdb 数据库。单击 OK,会弹出成功建立工程的提示(图 6-4)。

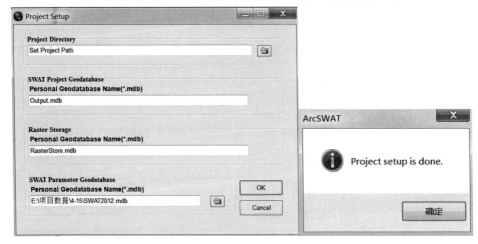

图 6-4　新建 SWAT 工程

1．处理高程数据

（1）在 Watershed Delineation 菜单下，单击 Automatic Watershed Delineation 命令，打开 Watershed Delineation 对话框。

（2）Example1 数据目录中加载"DEM"。

（3）高程栅格会输入到当前 SWAT 工程的"RasterStore. mdb"中，其名称会显示在 Watershed Delineation 对话框的 DEM Setup 文本框中，同时高程图显示在视图中，操作如图 6-5 所示。

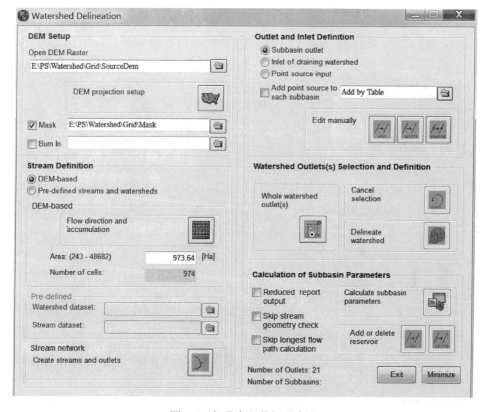

图 6-5　加载高程数据示意图

（4）单击 DEM projection setup 按钮，打开 DEM properties 对话框，设置 Z unit 为"meter"（图 6-6）。

（5）勾选 Mask，单击临近的浏览按钮，加载 Example1 的"amask"栅格，弹出提示时，选择"Load from Disk"。

（6）Mask 栅格输入到当前 SWAT 工程的"RasterStore. mdb"中，其名称会显示在 Watershed Delineation 对话框的 Mask 文本框中，同时 Mask 图显示在视图

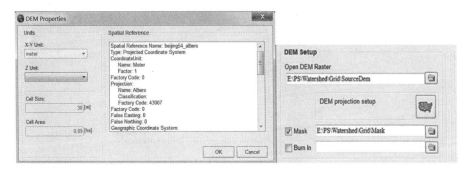

图 6-6　加载掩膜示意图

中。当使用 mask 栅格时,只有被 mask 栅格覆盖的 DEM 区域才会划分出河网。

（7）现在 Stream 定义区域被激活,这里定义河网有 2 个选项:①DEM-based（基于加载的 DEM）,使用加载的 DEM 自动划分河网和流域;②Pre-defined streams and watersheds（预定义河网和流域）,需要用户提供河网和子流域数据,并输入到 ArcSWAT 中。使用此选项,DEM 只用来计算子流域参数和河流参数,比如坡度和高程等,本例子中,使用第一个方法。

（8）选择 DEM-based 选项,单击 Flow direction and accumulation 按钮。其作用是对 DEM 进行填注,接着计算流向和水流累积量,流向和水流累积量被用来定义河网和计算流域边界。对于很大的 DEM,这个过程会需要很长时间（某些情况下需要很多小时）,完成时,会弹出图 6-7 中右图的信息。

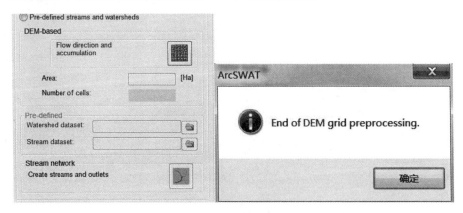

图 6-7　DEM-based

（9）处理完 DEM 之后,需要指定定义河流起源的阈值。阈值数字越小,生成的河网越详细。下面图 6-8 分别是阈值设为 100ha 和 1000ha 时生成的河网。对于此例,阈值设置为 1000,单击 Create streams and outlets 按钮,创建河网和出口点。

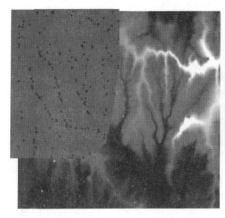

图 6-8　创建河网(见书末彩图)

(10) 河网会在计算完成之后,显示在图中。由 2 条河流交叉点定义的子流域出口点以蓝色的点表示在河网上(图 6-8)。

注意:用户可以手动修改子流域出口点的数量,或是通过输入一个包含出口点位置坐标的 dbf 表来添加。通过表添加或手动添加的点会捕捉到距离划分河流最近的点上。

(11) Example1 中包含了一个营养物测站的位置表。要加载此表,首先选中 Subbasin Outlet 单选按钮,然后单击文件浏览按钮。

(12) 在弹出的浏览器窗口中(图 6-9),找到并选中 nutrient. dbf,并单击 OK,通过表添加的子流域出口点以白色点样式显示。

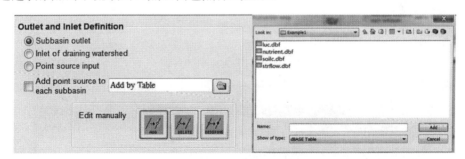

图 6-9　添加营养物监测点

(13) 要手动添加子流域出口点,首先选中 Subbasin Outlet 单选按钮,然后单击 Add 按钮(如图 6-10 左图所示)。

(14) 对话框会最小化,移动鼠标,在要放置子流域出口点的地方,单击左键,手动添加的子流域出口点会显示为红色的点,添加 4 个出口点,以使图看起来如图 6-11 中的左图所示。

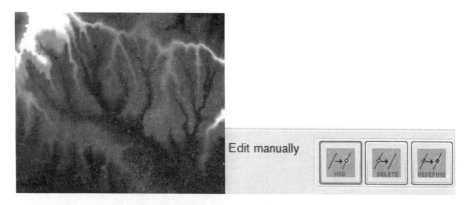

图 6-10　添加流域出口(见书末彩图)

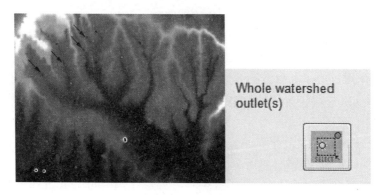

图 6-11　选择流域出口(见书末彩图)

(15)一旦满意显示的子流域出口点,就可以选择流域出口点了,单击 Whole watershed outlet(s)按钮(图 6-11)。

(16)对话框最小化选择子流域出口点,选中出口点后,出口点会变成蓝色并会弹出已选择出口的信息框(图 6-12)。

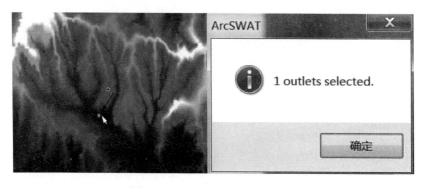

图 6-12　选中出口(见书末彩图)

（17）单击 Delineate watershed 按钮，则开始流域划分处理过程。

（18）当处理过程完成后，流域划分的子流域就显示出来（图 6-13）。

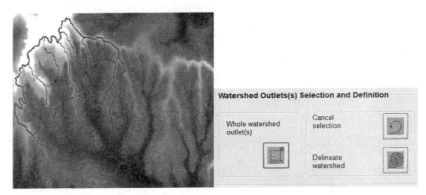

图 6-13　划分子流域（见书末彩图）

（19）单击 Calculate subbasin parameters 按钮，计算子流域和河道参数。

（20）在子流域参数计算完成后，会弹出一个提示框，单击 OK，完成流域划分。

2. HRU 分析

（1）选择 HRU Analysis 菜单中的 Land Use/Soils/Slope 定义命令，会打开 Land Use/Soils/Slope Definition 定义对话框。

（2）单击 Land Use Grid 区域的文件浏览按钮，会打开一个提示框（图 6-14）。

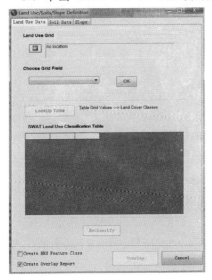

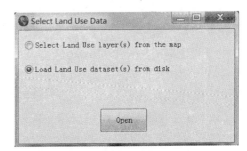

图 6-14　添加土地利用栅格

(3) 选择 Load Land Use dataset(s) from disk,并单击 Open,弹出信息提醒用户:数据必须是已经投影的数据,选中出现在浏览器窗口的相应的土地利用栅格图,单击 Select 确认,会弹出一些表明土地利用数据重叠区域的信息。

(4) 原始的土地利用栅格图就显示出来,且被裁切到流域区域大小。

(5) 过土地利用栅格图之后,界面并不知道图中分类与 SWAT 土地利用代码之间的联系。在 Choose Grid Field 组合框的下方,选择"合框的下方",然后单击 OK。

(6) 单击 Lookup Table 按钮,加载土地利用索引表,弹出一个提示框,选择 User table,单击 OK(图 6-15)。

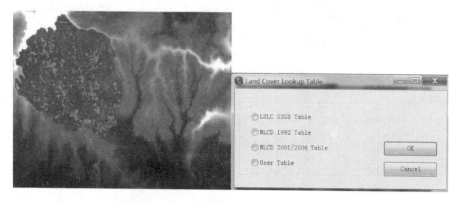

图 6-15　加载土地利用索引表

(7) 在出现的浏览器窗口中,单击名为"出现的 . dbf 索引表",单击 Select 确认。SWAT 土地利用分类会显示在 SWAT Land Use Classification Table 中,一旦 LandUseSwat 代码与所有图中的分类都对应起来,Reclassify 按钮就被激活,单击 Reclassify 按钮。图中显示的分类会显示出 SWAT 土地利用代码。得到的界面结果如图 6-16 所示。

(8) 切换到 Soil Data 页面,单击 Soils Grid 区域的文件浏览按钮,会打开一个提示框。

(9) 选择 Load Soils dataset(s) from disk,单击 Open,弹出信息提醒用户:数据必须是已经投影的数据,单击 Yes,在出现的浏览器窗口中,选中出现在浏览器窗口的相应的土壤栅格图,单击 Select 确认,会弹出一些表明土壤数据重叠区域的信息。

(10) 原始的土壤栅格图就显示出来,且被裁切到流域区域大小。

(11) 在 Choose Grid Field 组合框的下方,选择 VALUE,然后单击 OK。

(12) 在出现的浏览器窗口中,单击名为"出现的浏览 dbf 的索引表",单击 Select确认,土壤连接信息会显示在 SWAT Soil Classification Table 中。一旦 Stmuid代码与所有图中的分类都对应起来,Reclassify 按钮就被激活,然后单击 Reclassify 按钮(图 6-17)。

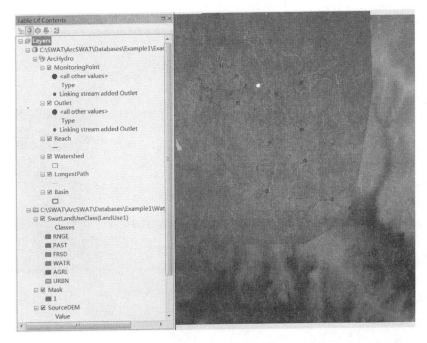

图 6-16　土地利用界面

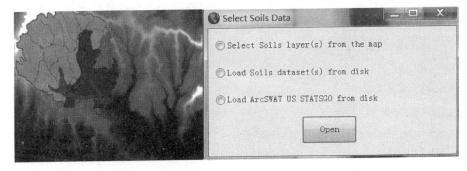

图 6-17　加载土壤栅格

（13）切换到 Slope 页面，一般选择 Multiple Slope，然后设置 2～3 个坡度。

（14）单击 Reclassify 按钮，流域坡度分类图就显示在图中（图 6-18）。

（15）当土地利用、土壤和坡度数据都加载并重新分类后，单击 Overlay 按钮。当土地利用、土壤和坡度数据叠加完成后，会弹出提示叠加完成的提示框，单击 OK。

（16）叠加处理过程中生成了一个报表，选择 HRU Analysis 菜单下的 HRU Analysis Reports，在列表中选择 Land Use，Soils，Slope Distribution，单击 OK。

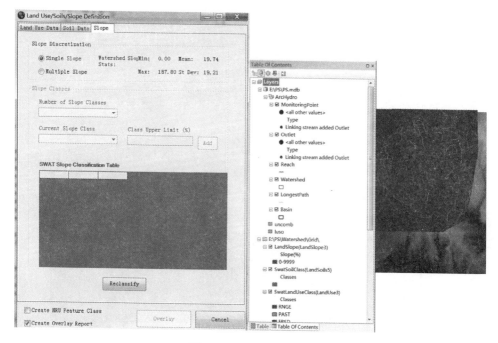

图 6-18　设置流域坡度

3. 定义 HRU

选择 HRU Analysis 菜单下的 HRU 定义命令。弹出 HRU 定义对话框。选择 Multiple HRUs。设置 Land use percentage(%) over subbasin area 在 10%。设置 Soil class percentage(%) over subbasin area 在 20%。设置 Slope class percentage(%) over subbasin area 在 20%。单击 Create HRUs,当 HRU 建立完成时,会显示出提示信息,单击 OK(图 6-19)。

HRU 创建过程中,会产生一个报表。选择 HRU Analysis 菜单下的 HRU-Analysis Reports 可以打开报表。在列表中,选择 Final HRU Distribution,单击 OK。流域中创建的 HRU 总数以粗体列在报表的顶部,报表的其余部分列出了每一个子流域模拟的土地利用、土壤和坡度,以及子流域占流域的百分比、HRU 占子流域的百分比。

4. 天气发生器

(1) 单击 Write Input Table 下的 Weather Stations 命令,打开 Weather Data Definition 定义对话框(图 6-20)。

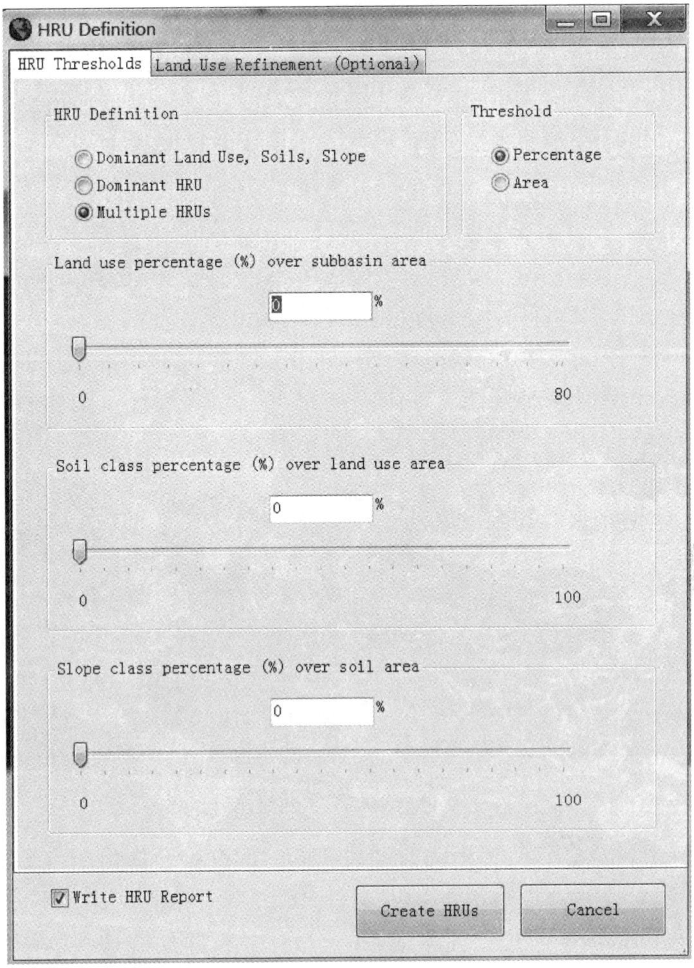

图 6-19 定义 HRU 阈值

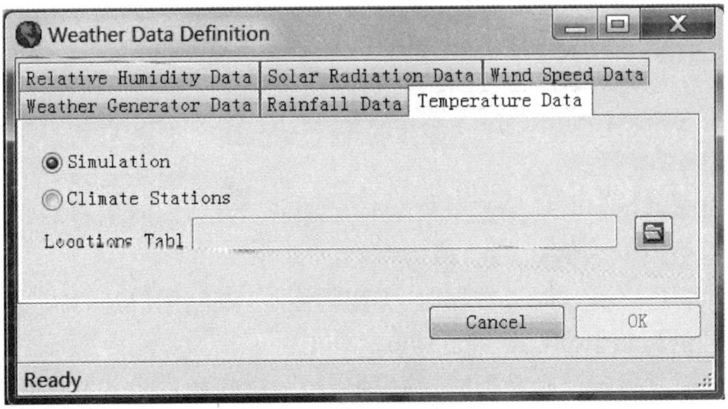

图 6-20 加载气象数据

（2）对于使用监测数据的 SWAT 模型来说，气象模拟信息用来填补缺测的数据，并且生成相对湿度、太阳辐射和风速数据。例子（Example1）使用加载进自定义数据库的气象生成器数据。单击 Custom database 旁的单选按钮，然后单击 Locations Table 右侧的文件浏览按钮，选择 Example1 数据目录的气象生成器站点位置表（wgnstations. dbf），然后单击 Add。

（3）切换到 Rainfall Data 页面，单击 Raingages 旁的单选按钮，选择 Precip Timestep，然后单击 Locations Table 右侧的文件浏览按钮，选择 Example1 数据目录的降水站点位置表（pcpfork. dbf），然后单击 Add。

（4）切换到 Temperature Data 页面，单击 Climate Stations 旁的单选按钮，然后单击 Locations Table 右侧的文件浏览按钮，选择 Example1 数据目录的气温站点位置表（tmpfork. dbf），然后单击 Add（图 6-21）。

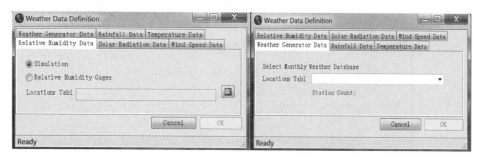

图 6-21　加载气温数据

（5）此例中，相对湿度、太阳辐射和风速的时间序列数据将由气象生成器模拟生成，所以不再定义这 3 个参数的站点文件。

（6）单击 OK，以生成这些气象站点的空间图层，并加载这些监测气象数据到 SWAT 气象文件中。界面将会自动为流域中的每一个子流域分配不同的气象站。

（7）当处理过程完成时，会弹出一个提示框，单击 OK。

5. 创建 SWAT 输入文件

（1）单击 Write Input Tables 菜单下的 WriteAll 命令。创建 ArcSWAT 数据库和 SWAT 输入文件。

（2）当界面进行到常规子流域数据时，弹出提示框，询问用户是否需要改变坡面流的曼宁系数的默认值 0.014，单击 No。

（3）当界面进行到主河道数据时，弹出提示框，询问用户是否需要改变河道径流的曼宁系数的默认值 0.014，单击 No。

（4）当界面进行到管理数据时，弹出提示框，询问用户是估算植物热单元或是设为默认值，单击 Yes 选择估算。

（5）当 SWAT 输入数据库初始化完成时，会弹出一个信息框，单击 OK。

6. 运行 SWAT

（1）在 SWAT Simulation 菜单下，单击 Run SWAT 命令，弹出一个对话框（图 6-22）。

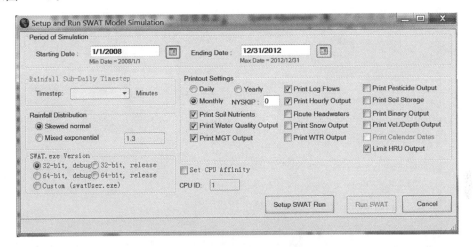

图 6-22　SWAT 运行菜单

（2）将 Printout Settings 设置为 Monthly，其余保持现状。

（3）单击 Setup SWAT Run 按钮，创建主流域控制文件，并写入点源、进口和水库文件，当建立完成时，会弹出一个提示框。

（4）单击 Run SWAT 按钮。

（5）当 SWAT 运行完成时，会弹出模拟成功完成的提示，单击 OK。

7. 查看和保存结果

（1）ArcSWAT 界面提供了一些基本的工具来处理 SWAT 输出文件和保存模型模拟。在 SWAT Simulation 菜单中，单击 Read SWAT Output 命令，弹出对话框（图 6-23）。

（2）单击 Openoutput. std，可以查看 o. std 文件。

（3）将要选择的 SWAT 输出文件输入 Access 数据库，可以选择所感兴趣的输出文件，然后单击 Import Files to Database 按钮，所选择的输出文件将会输入到 lakefork\Scenarios\Default\TablesOut\SwatOutput. mdb 中。

（4）现在输入模拟的名字（比如，First_SWAT_RUN），并单击 Save SWAT Simulation 按钮，可以将当前的 SWAT 模拟保存起来。模拟将会保存在一个名为 lakefork\Scenarios 目录下的 First_SWAT_Run 的目录中。

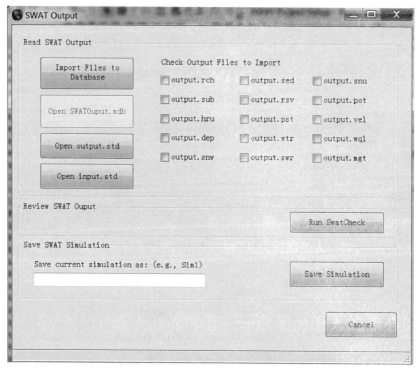

图 6-23　运行结果保存界面

（5）当前模拟的所有 SWAT 输出文件将会被复制到 lakefork\Scenarios\First_SWAT_RUN\TxtInOut 目录中。此外,输入 SWATOutput. mdb 中的输出文件会被复制到 lakefork\Scenarios\First_SWAT_RUN\TablesOut 目录中。最后,包含所有用来写入文本文件的输入表的 SWAT　工程数据库被复制到 lakefork\Scenarios\First_SWAT _RUN\TablesIn 目录中。

6.5　示范实例

6.5.1　SAWT 模型在山区的实例应用

1. 研究区域概况

所选研究区域为东苕溪上源部分,位于浙江省西北部,流经临安、余杭两地。河源可细分为南、中、北苕溪,以南苕溪为正源,发源于临安东天目山北部,与中苕溪、北苕溪相继汇流,最终汇于余杭区瓶窑镇。主干河道长约 70 km,流域总面积在 1832 km²(图 6-24)。研究区以山地为主,地势自西南向东北倾斜,南苕溪源头天目山脉为最高点,海拔 1462 m,至瓶窑段高程降为 2 m,整个区域平均高程为

175 m。图 6-24 为研究区域概况图。

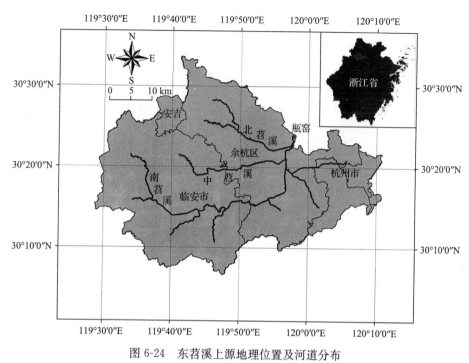

图 6-24　东苕溪上源地理位置及河道分布

2. 自然条件

　　研究区属亚热带季风气候,夏季高温多雨,冬季晴冷干燥,月均气温在 3～28℃之间。区域年均降水量达 1680 mm,最大降水量达 2428 mm(1954 年),水资源较为丰富,但年内分配不均。研究区气候总体温暖湿润,又兼土壤多样、地形复杂、植被种类较多,山区部分主要植物类型有落叶阔叶林、常绿阔叶林、竹林、混交林等,平原区域则以水稻种植为主(蔡壬侯,1991)。

　　研究区域内有 4 座水库(表 6-1),并建有小型水库四十余座,分洪闸、水塘、排涝机埠、导流港等水利设施,明显减少了灾害的影响。人为干涉改变了流域的水文状态,须向模型中输入相应的信息以确保模拟值更为有效准确。

表 6-1　东苕溪上源大中型水库信息

编号	水库名称	建成年月	总库容/万 m³	正常库容/万 m³	正常水位/m
1	青山水库	1964/04	21500	3850	25
2	里畈水库	1973/12	2094	1647	234
3	水涛庄水库	2003/12	2888	1677	143
4	四岭水库	1990/12	2782	1453	72

3. 污染情况

据 2011 年环境统计数据(由浙江省环境监测中心提供),研究区内共有 3 家城市污水处理厂,44 家规模化养殖场,以及 600 余家工厂企业。各类点源污染排放情况详见表 6-2 至表 6-4。

表 6-2 研究区域内污水处理厂日排污量

编号	单位	日流量/m³	TN/kg	TP/kg	NH₄⁺-N/kg
1	临安市高虹镇污水处理有限公司	1100	18.59	0.80	6.93
2	临安城市污水处理有限公司	55400	1131.49	19.94	486.97
3	临安市青山污水处理有限公司	15600	79.09	5.21	31.20

表 6-3 研究区域内工厂企业日排污量

编号	地区	日流量/m³	COD/kg	NH₄⁺-N/kg
1	岑岭村	59.18	5.52	0.72
2	径山镇	1244.38	94.70	20.13
3	仙宅	4288.22	395.56	3.70
4	百丈	294.03	49.57	0.14
5	板桥乡	5374.68	469.07	8.00
6	锦城	1475.02	66.19	0.59
7	锦南	223.33	5.12	0
8	玲珑镇	1450.41	100.58	4.25
9	横畈	28.41	1.59	0.04
10	青山湖	10.30	0.58	0.03
11	太湖源	689.59	62.00	1.61

表 6-4 研究区域内规模化畜禽养殖量及日排污量

地区		畜禽日存栏量/(头/羽)			污染物日排放量/kg			
		生猪	牛	鸡	COD	TN	TP	NH₄⁺-N
余杭	径山镇	8164	215	65342	585.20	206.60	36.45	89.80
	瓶窑镇	8253	—	80000	358.55	140.38	23.91	62.30
	鸬鸟镇	370	—	—	12.87	5.09	0.77	2.37
临安	锦城	4773	—	45000	233.70	90.86	16.41	38.39
	板桥乡	4661	1326	—	680.94	306.69	52.61	35.06
	太湖源	247	—	—	8.88	3.45	0.55	1.60
	青山湖	496	—	—	18.11	6.99	1.12	3.47
	玲珑镇	1479	—	—	53.26	20.07	3.15	8.95
	锦南	789	—	—	28.41	11.03	1.77	5.13

　　由于统计数据中没有排水信息,养殖场排水量选择《畜禽养殖业污染物排放标准(GB 18596—2001)》中的最大允许排水量为排水负荷进行估算(表 6-5)。

表 6-5　规模化养殖业最大允许排水量

种类	猪/[m³/(百头·天)]		鸡/[m³/(千羽·天)]		牛/[m³/(百头·天)]	
	冬季	夏季	冬季	夏季	冬季	夏季
水冲粪	2.5	3.5	0.8	1.2	20	30
干清粪	1.2	1.8	0.5	0.7	17	20

4. 基础数据库构建

　　输入数据的收集是模型建立的基础,数据精度将影响研究区域子流域、水文响应单元等计算单元的划分,从而影响流域径流、沉积物、营养物产生总量,最终影响输出结果。表 6-6 中前三项为空间数据和地理图层,后五项则是属性数据。

表 6-6　输入数据收集清单及来源

编号	数据名称	来源	备注
1	DEM 图	国际科学数据服务平台 (现:地理空间数据云)	30 m×30 m,GRID
2	土地利用图	地球系统科学数据共享平台 南京师范大学地理学院	1:100 000,shapefile
3	土壤图	浙江省及地方土壤志 浙江大学遥感所	1:50 000,shapefile
4	土壤数据	浙江省及地方土壤志 中国土壤数据库	以土壤亚类为单位
5	气象数据	中国气象科学数据共享服务网 浙江省水文局	日数据:降雨、气温、太阳辐射、 风速及相对湿度
6	水文数据	浙江省水文局	日均数据:水库、河道流量
7	污染源/水质数据	浙江省环境监测中心	月数据:TN、TP、NH_4^+-N
8	农事管理信息	研究区域实地调查	种植周期、施肥量等信息

5. 数据初步处理及数据库构建

　　不同的地理坐标系统及投影方式对图形的变形效果有很大差异,使用数据时需要进行统一,以减少不必要的误差。由于空间数据源于不同机构,各个数据原始空间信息均不相同。

　　(1) 本研究使用 ArcGIS 对所有数据进行重投影,地理坐标选择 Beijing1954,投影方式为 Albers 等积投影(表 6-7)。

表 6-7　重投影坐标选择及相关参数

地理坐标系	投影方式	中央经度	第一纬线	第二纬线	单位
Bejing1954	Albers 等积	120°	28°	32°	m

（2）天气发生器。

天气发生器(.WGN)是 SWAT 必要的输入数据之一，当实测气象数据中出现缺失值或需要对未来进行模拟预测时，可通过天气发生器生成所需气象数据。本研究中使用中国气象科学数据共享中心提供的 1990～2012 年的逐日气象数据，借助辅助软件 pcpSTAT.exe、dew2.exe 计算获得主要参数。

（3）土壤数据库。

SWAT 土壤输入数据包括土壤物理属性、土壤化学属性两部分。土壤物理属性影响到土壤中水、气的运输转移能力，对流域水文、化学物质的循环影响很大，而模型自带的数据库是按照美国土壤特性制作而成，需要重新建立土壤数据库（张楠等，2007；蔡永明等，2003）。我们所收集的土壤图共包含 68 种土壤，故以亚类为单位对土壤进行重分类，得到 21 类土壤（表 6-8）。属性参数的收集与计算和新划分的土壤类型对应。

表 6-8　土壤重分类

编号	土壤亚类	SWAT 名称	原始土壤名称
1	黄红壤	HHR	潮红土、黄红泥土等
2	棕红壤	ZHR	棕黄泥、棕黄筋泥等
3	黄壤	HR	山地黄泥土、山地石砂土
4	酸性紫色土	SXZST	酸性紫砂土
5	黑色石灰土	HSSHT	黑油泥
6	棕色石灰土	ZSSHT	油黄泥
7	基中性火山岩土	JZXHSYT	棕泥土、灰黄泥土
8	酸性粗骨土	SXCGT	片石砂土、石砂土等
9	灰潮土	HCT	潮闭土、潮泥土等
10	渗育型水稻土	SYXSDT	油泥田、湖松田等
11	潴育型水稻土	ZYXSDT	堆叠泥田、红砂土等
12	脱潜潴育型水稻土	TQZYSDT	青紫泥田、青粉泥田等
13	潜育型水稻土	QYXSDT	烂泥田、烂青紫泥田等
14	水成新积土	SCXJT	清水砂土
15	滨海盐土	BHYT	涂泥土
16	潮化盐土	CHYT	咸泥土
17	潮间盐土	CJYT	潮间滩涂

续表

编号	土壤亚类	SWAT 名称	原始土壤名称
18	红壤	HongR	粉红泥土、红黏土等
19	红壤性土	HRXT	红粉泥土、堆叠土
20	石灰性紫色土	SHXZST	紫砂土、红紫泥土
21	淹育型水稻土	YYXSDT	白粉泥田、白砂田等

（4）土地利用重分类。

由南京师范大学地理学院提供的土地利用图共包含 21 种土地利用类型，模型 HRU 分析时将只识别面积最大的 10 种地类，并将它们扩展至未覆盖部分以保证模型的顺利运行。为尽量避免信息丢失，结合 SWAT 中 crop、urban 两个数据库中的信息对土地利用进行重分类（表 6-9）。

表 6-9　土地利用重分类

编号	重分类名称	SWAT Name	原编号	原分类
1	混合林	FRST	21	有林地
			22	灌木林
			23	疏林地
2	果园	ORCD	24	其他林地
3	草地	PAST	31	高覆盖度草地
			32	中覆盖度草地
			33	低覆盖度草地
4	水域	WATR	41	河渠
			42	湖泊
			43	水库坑塘
			45	滩涂
			46	滩地
5	城镇	URBN	51	城镇用地
6	中/低密度居民区	URML	52	农村居民点
7	工业区	UIDU	53	其他建设用地
8	水稻	RICE	111	山地水田
			112	丘陵水稻
			113	平原水田
9	普通耕地	AGRL	121	山地旱地
			122	丘陵旱地
			123	平原旱地

　　以上为模型运行所需的基础数据,在将基础数据处理完毕后就可按照(第 3、4章)操作步骤运行 SWAT 模型。在运行操作过程中,我们可以得到子流域、HRU划分和土地利用、土壤分布情况等信息(图 6-25)。

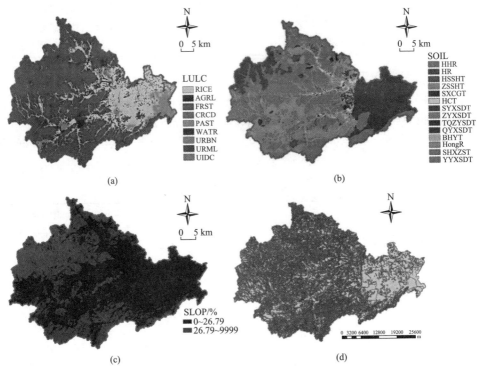

图 6-25　(a)土地利用情况;(b)土壤分布情况;(c)坡度划分结果;(d)高程分布

6. 数据库信息编辑

　　完成 HRU 定义后,需要输入或编辑各类基础数据信息,除气象信息为必备数据外,点源信息、水库信息、农事管理信息等可以依照实际情况选择性输入。

7. SWAT 模型率定

　　SWAT-CUP 是一个开放的、免费的软件,它可以将 SUFI-2、GLUE、ParaSol等程序与 SWAT 连接起来,对已建立的 SWAT 模型进行敏感性分析、率定、验证及不确定分析等,提高模拟值与实测值的匹配度。

　　本研究选择 SUFI-2(Sequential Uncertainty Fittingversion 2)对模型进行率定。该程序可以针对多项模拟指标,同时对多个参数进行校准,操作时只需将实测数据、须校正参数按规定格式输入程序,即可由软件自动完成率定过程。SUFI-2 采用拉丁超立方体抽样法(Latin hypercube sampling)对待校准参数进行取值:在设定参数取值

范围及模拟次数 N 后,将每个参数的取值范围划分为 N 个等距区间,从每个参数中随机抽取一个区间后组合,得到 N 个参数区间组合,再从每个区间中随机抽样得到 N 组参数数值集合,将这些参数集合一一代入模型运行并将输出结果与实测值比较,最终是模拟结果最优的参数数值集合即为最佳参数,并作为率定结果反馈给使用者。

率定结果用确定性系数 R^2 和纳什系数(Nash-Sutcliffe 系数)E_{NS} 评价。R^2 取值范围在 $0\sim1$ 之间,用于表示实测值与模拟值之间的数据吻合程度;E_{NS} 取值范围在 $-\infty\sim1$ 之间,是一个基于平均值的评价系数。E_{NS} 越接近 1 表示模拟效果越好,当其小于 0 时则表示模拟结果精度过低,此时使用平均值进行评价分析更为可信。研究参与率定的有四项指标,分别为流量、总氮、总磷和氨氮,要求最终结果 $R^2>0.7$,$E_{NS}>0.5$。

$$R^2 = \frac{\left[\sum_1^n (Q_{m,i}-\overline{Q}_m)(Q_{s,i}-\overline{Q}_s)\right]^2}{\sum_1^n (Q_{m,i}-\overline{Q}_m)^2 \sum_1^n (Q_{s,i}-\overline{Q}_s)^2} \tag{6-1}$$

$$E_{NS} = 1 - \frac{\sum_1^n (Q_m-Q_s)_i^2}{\sum_1^n (Q_{m,i}-\overline{Q}_m)^2} \tag{6-2}$$

式中,Q_m 为实测值;Q_s 为模拟值;$\overline{Q}_m$ 为实测值均值;$\overline{Q}_s$ 为模拟值均值。

SWAT-CUP 内设的参数共 600 多个,其中大部分还可根据土壤水文分组、土壤质地、土地利用方式、坡度、土壤层号、作物及子流域等进行细分,参数数量巨大且并非所有参数均须校准,在率定前须对参数进行筛选。利用 SWAT 自带模块进行参数敏感性分析,选择前 8 个在 SWAT-CUP 中进行率定,率定参数及其最终取值参见表 6-10。

表 6-10　最终率定参数

编号	参数名称	最终值
1	CN2. mgt	40.8
2	BIOMIX. mgt	0.64
3	CANMX. hru	0.51
4	ESCO. hru	0.27
5	USLE_P. mgt	0.43
6	RCHRG_DP. gw	0.65
7	ALPHA_BF. gw	0.49
8	GWQMN. gw	205

最终模拟值精度见表 6-11,所有的 R^2 均大于 0.70,E_{NS} 均大于等于 0.60,模拟结果达到要求,其中流量的模拟精度极高,R^2 达 0.97,对应 E_{NS} 为 0.83。模型输出

结果可信,可用于进一步评价与分析。

表 6-11　四项模拟指标模拟精度

模拟指标	R^2		E_{NS}	
	验证期	率定期	验证期	率定期
流量	0.98	0.97	0.82	0.83
TP	0.89	0.84	0.86	0.83
TN	0.81	0.84	0.69	0.81
NH_4^+-N	0.85	0.73	0.80	0.60

图 6-26 至图 6-29 分别为瓶窑站实测流量、TP、TN 及 NH_4^+-N 与模拟值的对比,从图中可以看出降雨峰值与水文水质监测值高峰出现时期基本一致,表明降雨对流量及非点源污染的产生有驱动作用,通过模型输出,可进一步研究流域尺度上降雨量与非点源污染产污负荷间的关系。

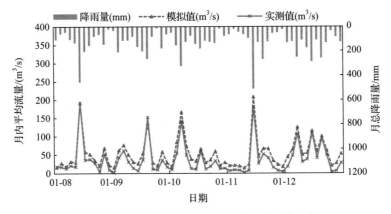

图 6-26　瓶窑站月平均流量实测值与模拟值比较

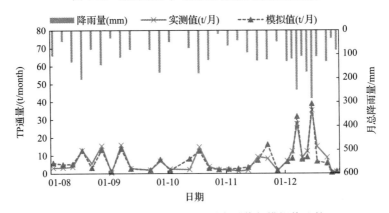

图 6-27　瓶窑站 TP 月均通量实测值与模拟值比较

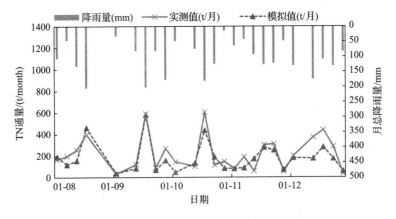

图 6-28　瓶窑站 TN 月均通量实测值与模拟值比较

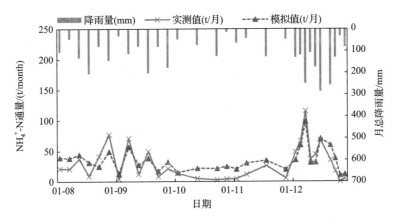

图 6-29　瓶窑站 NH_4^+-N 月均通量实测值与模拟值比较

8. 山区流域氮磷流失强度时空分布

经过参数率定及校正,SWAT 模型所得结果可以很好地反映研究区域非点源污染物输出量、河道污染物通量等信息。

如图 6-30 所示,氮磷流失时间分布差异很大,不同子流域的氮磷流失强度相差较大。总体上,TN、TP 流失强度分别为 7.19～22.75 kg/hm^2 和 0.56～6.80 kg/hm^2。从图 6-30 中可以看出,TN、TP 流失强度分布较为接近,最大污染复核后均出现在流域南部 18 号了流域。

9. 两种土地利用下降雨-氮磷流失强度回归分析

由图 6-28 和图 6-27 可知,农田氮、磷的流失负荷与降雨量呈正相关关系,该结论与其他研究者研究结果一致(邬伦等,1996)。本课题组在前期研究中通过实

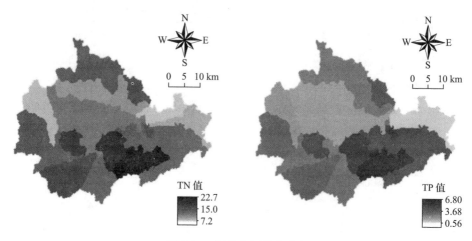

图 6-30　氮磷产污强度分布

验得到水稻田氮磷流失强度与降雨量的关系,决定系数 R^2 均在 0.75 以上,拟合度良好;童晓霞等(2010)利用 SWAT 输出结果作漳河灌区降雨量-氮磷流失强度回归分析,同样得到拟合度很好的线性回归方程,R^2 均在 0.9 以上。

除降雨外,土地利用模式也对非点源污染的流失有较大影响,影响因素包括植被覆盖率、土壤性质、管理措施等。王晓燕、黄云凤、宋泽芬等研究成果都显示,植被覆盖率越高的土地,植被的林相越复杂,人工干扰植被越少,TN、TP、SS 等污染物流失越少。农事管理中的施肥操作则会导致土壤氮磷的累积,在水土流失强度不变的情况下,增加了氮磷流失强度(焦加国等,2006;罗春燕等,2009;李东等,2009)。研究氮磷流失特性前,必须对土地利用进行区分。

传统的研究降雨量与农田氮磷流失强度关系的方法主要有:人工降雨器模拟、实验田观测等,所得结果多是小范围、短时间内的降雨-氮磷流失关系(梁新强等,2005;方楠等,2008)。为保证研究结果,这些实验中很多因素会受到人为控制,往往与实际情况存在一定偏差。因此,本研究使用 SWAT 模型的输出结果,以面积大于 20 km² 的子流域为单位进行数据分析,获得氮磷流失强度与降雨的相关关系。

此简化公式可以在需要时进行宏观尺度的氮磷流失负荷预测估算,为污染管理措施的制订提供依据。相比于建立模型再进行模拟计算,通过简化公式进行估算能更快获得结果,尤其在精度要求相对较低的情况下。同时,所得的简化公式也可通过编程方式成为其他污染模拟模型的非点源计算模块,实现不同模型间的耦合。

1) 回归分析

由于 SWAT 是一个流域尺度的模型,模拟数据的准确性以整个流域的月输出为率定单位,但将输出结果过度细分会大大降低数据精度。如在以水文响应单元 HRU 为输出单位时,会有部分 HRU 在全模拟阶段污染输出负荷为零,这显然是不合理的,不能通过 HRU 输出数据直接分析获得公式(6-3)。因此,本研究选择子流域的月输出值用于数据分析,以期建立非点源污染流失负荷与降雨量之间的关系方程,而后结合各子流域的土地利用分布情况,反推获得每种土地利用下氮磷流失强度与降雨量的关系式。研究面积过小的子流域($<20\ km^2$)不在分析范围之内。

假设每一种土地利用的氮磷流失强度与降雨量呈线性关系,则有公式(以 TN 为例):

$$TNL_i = k_iP + b_i \tag{6-3}$$

式中,TNL_i 为 i 类土地利用的 TN 流失强度,t/km^2;P 为降雨量,mm;k_i 为流失强度系数,$t/(km^2 \cdot mm)$;b_i 为修正常数,t/km^2。

一个流域的 N、P 流失负荷可看作各土地利用流失负荷的和,即

$$TN = \sum_1^n TNL_i \times A_i \tag{6-4}$$

式中,TN 为流域 TN 流失负荷,t/month;A_i 为流域中第 i 种土地利用的面积,km^2。

结合式(6-1),可得到:

$$TN = \sum_1^n \left[(k_iP + b_i) \times A_i\right] = P \times \sum_1^n (k_i \times A_i) + \sum_1^n (b_i \times A_i) = K \times P + B \tag{6-5}$$

$$K = \sum_1^n (k_i \times A_i) \tag{6-6}$$

$$B = \sum_1^n (b_i \times A_i) \tag{6-7}$$

对于同一个流域,其土地利用未发生改变时,第 i 种土地利用对应的 A_i 不变,则可视 K、B 为常量,降雨量与流域非点源污染物流失负荷呈线性相关。通过回归分析,可以获得研究区内多个子流域 N/P 流失负荷与降雨量的关系方程,也即可获得每个子流域对应的 K、B 值,再结合各子流域的土地利用分配情况,做多元回归分析,即可获得每种土地利用对应的 k_i、b_i 值。

2) 异常值去除

模型校正过程中只保证研究区的整体精度,并不是每一个模拟值都精确有效,即认为数据中存在异常值,分析时须删除。本研究中,使用残差分析实现异常值的判断与剔除,提高数据的可靠性(张璇等,2012;王鑫等,2003)。

残差 e 是每个 x 值对应的实际 y 值与拟合线 y 值间的差,有多少数据即有多少残差。残差与其标准差 σ 的比,称为标准化残差 ZRE(standardized residual),与残差 e 相比,ZRE 便于制定比较标准,通常认为 $|ZRE| > 3$ 的为异常值,分析时须

将这些值删除后进行再次拟合(拉依达准则,3σ准则)。使用 Origin 软件进行回归分析时,可直接计算 ZRE。数据经过处理后再次拟合,新结果中仍可能有部分数据的|ZRE|在3以上,此时不能无限制地删减数据,该新结果即最终结果。

农田 P 素流失主要以固体态/胶体态形式流失(王振旗等,2011;王晓燕等,2008;黄云凤等,2004),降雨量过小时无法产生径流或冲刷作用不明显,对应的 P 流失负荷会较小,甚至为 0。因此,在进行降雨-TP 流失负荷拟合时,仅对开始产生 P 流失的数据进行分析。

3) 子流域选择

研究区土地利用共 9 种,分别为混合林(FRST,58.3%)、水稻(RICE,27.1%)、普通耕地(AGRL,4.0%)、城镇(URBN,4.0%)、中/低密度居民区(URML、2.4%)、草地(PAST,1.7%)、水域(WATR,1.6%)、果园(ORCD,0.9%)和工业区(UIDU,0.1%)。其中混合林和水稻所占比例最大,两者共占总面积的 85.4%。在模型建立过程中,当某种土地利用在子流域中所占比例小于用户设置的阈值(一般是 0~20%)时,模型会将其忽略并将对应的面积分配给其他土地利用,目的在于减少子流域 HRU 数目,提升模型处理能力。也即,在各子流域中广泛分布的仅有面积比例较大的水稻田和混合林,其他类型仅在部分子流域中存在。另一方面,在进行模型率定时,混合林与水稻田的部分参数(CN2、CANMX、USLE_P 等)进行了单独调整,其余土地利用使用的则是全局调参时所得结果,主要参数数值相同。相较之下,模型输出数据中混合林及水稻的产流产污情况精度更高。鉴于上述两个因素,本研究仅分析混合林、水稻田两种土地利用类型的产污负荷与降雨间的相关性。选择混合林与水稻总面积占 90% 以上的子流域参与分析并忽略其他土地利用类型的产污。

研究区共分 24 个子流域,其中 5、6、7、9、19 及 29 号子流域面积不到 10 km²,不用于分析。剩余 18 个子流域中有 9 个子流域混合林和水稻田所占比例大于90%,分别为 1、2、11、13、14、17、18、21 和 24 号子流域,主要分布于研究区西北部及中部山区。9 个子流域面积从 20.66 km² 到 271.99 km² 不等,两种土地利用面积比例在 91.0%~97.6% 之间,具体信息见表 6-12。

表 6-12　所选子流域土地利用分布情况

编号	子流域	子流域面积/km²	混合林/km²	水稻/km²	(混合林+水稻)比例/%
1	1	98.41	85.29	8.71	95.5
2	2	164.56	127.29	26.35	93.4
3	11	271.99	196.34	61.02	94.6
4	13	103.93	92.70	8.71	97.6
5	14	128.09	105.58	17.40	96.0

编号	子流域	子流域面积/km²	混合林/km²	水稻/km²	(混合林+水稻)比例/%
6	17	50.38	38.17	8.41	92.5
7	18	101.97	47.75	45.06	91.0
8	21	20.66	15.89	3.72	94.9
9	24	90.16	75.04	12.84	97.5

10. TN 流失强度与降雨的关系

通过残差分析删除异常值后,每个子流域参与分析的样本量在 $50 \sim 58$ 之间(总数为 60)。图 6-31 显示的是子流域 1 的 TN 月流失负荷与月降雨量间的线性拟合曲线,样本量共 51 个。可以看出子流域 1 面上平均月降雨量主要集中在 $0 \sim 200$ mm 之间(90%),降雨量最大值为 505 mm。子流域 1 每月的 TN 流失负荷与降雨量呈较好的正相关关系,拟合曲线的决定系数 R^2 达 0.79。每月 TN 流失负荷主要在 10 t/month 以下(92%),最大流失负荷在降雨量最大时出现,为 21.4 t/month。对应的标准化残差分析显示,标准化残差值 ZRE 大小随机分布在 $-3 \sim 3$ 之间,这说明回归分析基本满足假设,也即,降雨量-TN 流失负荷呈线性相关这一假设是合理的。

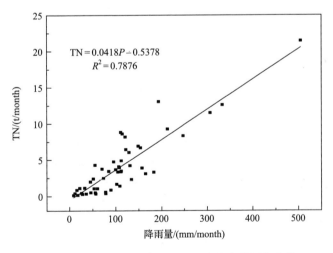

图 6-31　子流域 1 的降雨量-TN 流失负荷回归曲线

9 个子流域对应的线性回归方程及相关性见表 6-13。结果显示,降雨量与子流域 TN 流失负荷呈极显著正相关关系。除子流域 13、14 外,其他回归方程的决定系数 R^2 均在 0.72 及以上,最高时 R^2 可达 0.85。回归方程的截距均小于 0,说明在降雨量较小时不发生氮素流失或氮素流失较少。

表 6-13 子流域 TN 流失负荷与降雨量线性相关方程

编号	子流域	样本量	回归方程	R^2
1	1	51	$TN = 0.042P - 0.538*$	0.79
2	2	50	$TN = 0.076P - 2.063*$	0.85
3	11	52	$TN = 0.126P - 1.730*$	0.80
4	13	55	$TN = 0.053P - 0.638*$	0.59
5	14	57	$TN = 0.116P - 3.597*$	0.66
6	17	58	$TN = 0.062P - 2.417*$	0.77
7	18	52	$TN = 0.088P - 1.108*$	0.72
8	21	52	$TN = 0.013P - 0.344*$	0.80
9	24	51	$TN = 0.053P - 1.262*$	0.75

注:TN 为子流域每月 TN 流失负荷,t/month,TN≥0;P 为子流域面上平均降雨量,mm/month。
* $p < 0.01$

　　对降雨量-TN 流失负荷回归曲线的斜率 K 和截距 B 与混合林和水稻田面积进行多元回归分析,得式(6-8)与式(6-9),据此可获得混合林和水稻田降雨量-TN流失强度关系方程[式(6-10)及式(6-11)]。对应的标准化残差分析结果显示,9 个标准化残差均在$-3\sim 3$ 之间,无异常值,且分步随机,表明回归方程基本合理。

$$K = 0.0005A_{FRST} + 0.0011A_{RICE}, R^2 = 0.89, p < 0.01 \qquad (6\text{-}8)$$

$$B = -0.0151A_{FRST} + 0.002A_{RICE}, R^2 = 0.56, p < 0.05 \qquad (6\text{-}9)$$

$$TNL_{FRST} = 0.0005P - 0.0151 \qquad (6\text{-}10)$$

$$TNL_{RICE} = 0.0011P + 0.002 \qquad (6\text{-}11)$$

式中,K 为降雨-TN 流失回归方程的斜率;B 为降雨-TN 流失回归方程的截距;A_{FRST}为子流域中混合林的面积,km^2;A_{RICE} 为子流域中水稻田的面积,km^2;TNL_{FRST}为混合林 TN 流失强度,$t/(km^2 \cdot month)$,≥ 0;TNL_{RICE}为水稻田 TN 流失强度,$t/(km^2 \cdot month)$,≥ 0;P 为每月降雨量,mm/month。

　　从 TN 流失强度方程中可以看出,相同降雨情况下,水稻田 TN 流失强度超出混合林的两倍,远高于后者。一方面,这与水稻田高达 345 kgN/hm²(50 kg 尿素/亩)的年施肥量有关。施肥后土壤及土壤溶液中氮磷含量急剧上升,约一周后下降至一般水平,此时间段内氮磷流失风险较大(王振旗等,2011;谢学俭等,2008;黄宗楚等,2007)。同时,长期施肥导致土壤氮磷累积(陈怀满,2005)。另一方面,林地地上部分的叶面积、冠层截留率等都高于水稻田,可以减少降雨对地表的冲击力,降低非点源污染的产生量。这个结果与主流认知一致,宋泽芬等的研究证实,在相同降水量下,植被覆盖率较高的灌草丛和次生林都有较好的调节径流和减少土壤流失的作用(宋泽芬等,2008)。黄云凤等在九龙江流域选取了植被覆盖率在

40%～100%之间的四个典型小流域,结果表明在降雨量相近的情况下,植被覆盖率越高,TN、TP、SS 等污染物流失越少(黄云凤等,2004)。

本课题组前期研究中,通过实验田获得水稻田降雨-TN 流失强度关系式:TNL=0.004P-0.078(梁新强等,2005)。一方面,本研究是基于流域尺度的长时间连续模拟,所得结果受各种因素的综合影响,与条件控制严格的实验田的 TN 流失规律必然存在一定差异。另一方面,本书是以月为尺度,通过分析 5 年数据所得,而前期研究所测定的是施肥后 19 天内的氮磷流失数据,氮磷流失强度将大于年内其他时间段属合理现象。也即,本研究所得结果并不适用于小范围、特定农田的 TN 流失负荷估算。

11. TP 流失强度与降雨的关系

TP 主要以胶体/固体吸附等形式流失,降雨量较少时对土壤的冲刷作用较低,土壤流失负荷较少,相应的 TP 流失负荷也会很低,甚至为零。作降雨量-TP流失负荷散点图,得到图 6-32,从图中可以看出,当降雨量低于 44 mm 时,大部分TP 流失负荷数值为零,数据计算结果显示,该部分 TP 流失负荷平均值仅0.02 kg/hm²。这一部分数据并不符合流失负荷与降雨量呈正比这一规律,因此在研究中只选取降雨量超过 44 mm 的数据进行分析,降雨量低于 44 m 时,视 TP 流失负荷为 0。

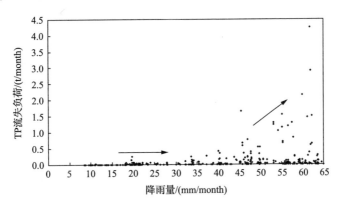

图 6-32　降雨量-TP 流失负荷散点图

图 6-33 显示的是子流域 1 的降雨量-TP 流失负荷回归曲线,样本量共 49 个,存在 2 个异常值,线性拟合曲线的 R^2 为 0.72。从图中可以看出,子流域 1 的 TP流失负荷比 TN 流失负荷要小很多,对应的标准化残差分析结果显示,ZRE 值随机分布于-3～3 之间,回归分析合理。9 个子流域降雨量-TP 流失负荷回归方程及决定系数 R^2 见表 6-14。从表中可以看出,TP 流失负荷与降雨量呈极显著正相关。回归方程斜率 K 的分布规律与 TN 的类似,K 值与子流域面积呈正相关,但

不成正比。课题组前期研究所得水稻田降雨量-TP 流失负荷方程为：TPL＝1.0×$10^{-3}P-0.022$（梁新强等，2005）。与本研究所得结果较为接近，表明本研究所得结果较符合实际情况。

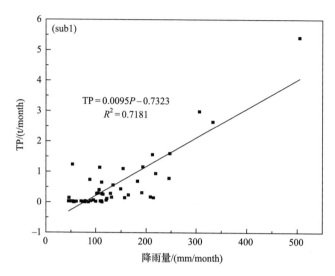

图 6-33　子流域 1 的降雨量-TP 流失负荷回归曲线

表 6-14　子流域 TP 流失负荷与降雨量线性相关方程

编号	子流域	样本量	回归方程	R^2
1	1	49	TP = $0.010P-0.732$ *	0.72
2	2	49	TP = $0.028P-2.442$ *	0.71
3	11	49	TP = $0.031P-2.730$ *	0.75
4	13	49	TP = $0.012P-1.147$ *	0.60
5	14	48	TP = $0.021P-1.698$ *	0.69
6	17	48	TP = $0.016P-1.488$ *	0.63
7	18	50	TP = $0.038P-3.377$ *	0.55
8	21	50	TP = $0.005P-0.500$ *	0.66
9	24	46	TP = $0.006P-0.376$ *	0.59

注：TP 为子流域每月 TP 流失负荷，t/month，TP≥0；P 为子流域面上月均降雨量，mm/month，P≥44 mm/month。* $p<0.01$

对降雨量-TP 流失负荷回归曲线的斜率 K 和截距 B 与混合林和水稻田面积进行多元回归分析，得式(6-12)与式(6-13)，对应的混合林和水稻田降雨量-TP 流失强度关系方程为式(6-14)及式(6-15)。标准化残差的绝对值均不超过 3，无异常值，且 ZRE 随机分布于 0 两侧，表明回归方程基本合理。从 TP 流失强度公式中还可看出,降雨量低于 78 mm 时,混合林 TP 流失强度为负,说明须在降雨量大于 78 mm 时使用公式;而对于水稻田的 TP 流失方程,月降雨量最低限为 88 mm 时。通过计算可知,在 $P > 89$ mm 之后,TPL_{RICE} 将大于 TPL_{FRST}。也即在 SWAT 所得 TP 流失规律中,水稻田 TP 流失强度大于林地 TP 流失强度,这个结果与其他研究一致(王晓燕等,2008;黄云凤等,2004;宋泽芬等,2008)。除混合林覆盖度高,具有较好的水土保持作用外,水稻田长期淹水状态也可能导致其 TP 流失强度高于混合林。淹水状态下易造成磷酸盐溶出,发生径流时易随之流失,而对于土壤干燥的混合林,磷素主要以吸附态或固态存在于土壤中,冲刷作用较小时不易发生磷素流失(王振旗等,2011)。

$$K = 3.2 \times 10^{-5} A_{FRST} + 6.2 \times 10^{-4} A_{RICE}, R^2 = 0.86, p < 0.01 \quad (6\text{-}12)$$

$$B = -0.0025 A_{FRST} - 0.0548 A_{RICE}, R^2 = 0.84, p < 0.01 \quad (6\text{-}13)$$

$$TPL_{FRST} = 3.2 \times 10^{-5} P - 0.0025 \quad (6\text{-}14)$$

$$TPL_{RICE} = 6.2 \times 10^{-4} P - 0.0548 \quad (6\text{-}15)$$

式中,K 为降雨-TP 流失回归方程的斜率;B 为降雨-TP 流失回归方程的截距;A_{FRST} 为混合林田面积,km^2;A_{RICE} 为水稻田面积,km^2;TPL_{FRST} 为混合林 TP 流失强度,t/($km^2 \cdot month$),$\geqslant 0$;TPL_{RICE} 为水稻田 TP 流失强度,t/($km^2 \cdot month$),$\geqslant 0$;P 为每月降雨量,mm/month。

12. 氮磷流失强度与水稻田比例关系

对于杭嘉湖地区而言,因种植面积广泛、施肥量大等原因,水稻田一直是非点源污染研究的重点,且由上述可知,在多数情况下水稻田氮磷流失强度远大于混合林,水稻田的面积比例对区域氮磷流失总量具有较大影响。

表 6-15 中子流域年均非点源污染强度及土地利用信息为 SWAT 模拟所得苕溪流域 24 个子流域的氮磷流失强度及水稻田比例。数据处理过程中发现,当水稻面积比例低于 45% 时,流域氮磷流失负荷与水稻田比例具有一定相关性,本研究对这部分数据进行了回归性分析。由于氮磷流失负荷与多个因素相关,分析时设定了限制条件,数据筛选如下:

(1)降雨量与氮磷流失负荷呈显著正相关,对于一个地区而言,区域间降雨量差异并不是巨大。在 24 组数据中保留降雨量在 1500 mm ± 50 mm 部分,初步删除子流域 2、4、23 号子流域数据。

(2)总流域面积为 1832 km^2,面积过小的流域所对应的数值存在较大误差可能性较高,故删除面积小于 10 km^2 的子流域相关数据,即删除子流域 5、6、7、9、19、20 号子流域数据。

(3)流域稻田比例应低于 45%,从而删除了子流域 8、10、12、15 号子流域数据。

表 6-15　子流域年均非点源污染强度及土地利用信息

ID	面积/km²	降雨/mm	TN 强度/[kg/(hm²·a)]	TP 强度/[kg/(hm²·a)]	稻田比例/%	混合林比例/%
1	98.20	1531	8.41	1.17	9	87
2	164.21	1763	11.79	2.08	16	77
3	43.54	1486	12.94	2.89	30	54
4	63.23	1704	8.83	1.96	36	39
5	7.06	1486	7.29	1.26	63	0
6	2.7	1486	10.62	2.29	97	0
7	0.17	1502	12.60	4.04	81	0
8	55.59	1483	7.19	0.56	71	11
9	8.37	1502	13.46	4.31	100	0
10	83.45	1536	8.25	0.64	55	0
11	271.40	1531	10.19	1.20	22	72
12	49.50	1502	12.07	3.64	61	22
13	103.73	1542	7.52	1.43	8	89
14	128.22	1538	12.60	2.81	14	82
15	192.56	150	12.04	3.74	48	26
16	82.49	1547	16.56	4.43	27	63
17	50.27	1543	15.33	3.70	17	76
18	105.31	1491	19.98	5.42	43	46
19	0.12	1547	18.12	5.79	44	3
20	0.22	1580	22.75	6.80	23	16
21	22.09	1547	10.41	2.17	17	72
22	61.53	1538	12.22	2.42	14	75
23	144.26	1641	14.09	2.96	17	69
24	93.96	1527	11.54	2.39	14	81

最终参与分析的子流域为：1、3、11、13、14、16、17、18、21、22、24。获得水稻田比例-氮磷流失负荷相关性，见图 6-34、图 6-35。

所得回归方程分别为：

$$TNL = 0.289x + 6.864, R^2 = 0.674, p < 0.01 \tag{6-16}$$
$$TPL = 0.1x + 0.772, R^2 = 0.594, p < 0.01 \tag{6-17}$$

式中，TNL、TPL 分别为区域年平均 TN、TP 流失强度，kg/(hm²·a)；x 为水稻田在区域中所占面积比。

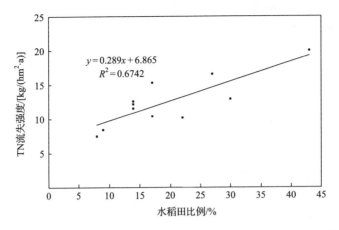

图 6-34 水稻田面积比-TN 年平均流失强度回归曲线(降雨量:1500 mm±50 mm)

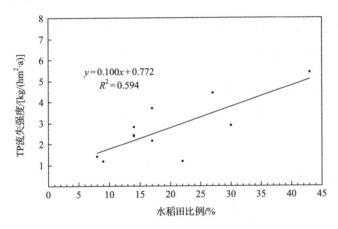

图 6-35 水稻田面积比-TP 年平均流失强度回归曲线(降雨量:1500 mm±50 mm)

从图 6-34、图 6-35 中可以看出,随着水稻田面积比的增加,流域单位面积的氮磷流失强度随之上升,回归曲线拟合度良好。而从表 6-15 可以看出,水稻田面积比继续上升时,氮磷流失强度不再具有明显的变化规律。这可能与不同子流域间土地利用分配差异有关。由图 6-25(a)可知,在水稻田面积比较小时,对应的子流域主要处于山区,混合林占据主导地位(表 6-15),水稻田面积比例的增加相当于将混合林转换为水稻田,变化情况较为单一。而当水稻田面积比继续上升时,子流域开始向平原转移,一方面,混合林面积比急速下降;另一方面,城镇等的面积比例开始上升,其对整体的氮磷流失影响加大,此时水稻田面积比例上升时对应的土地利用转变情况更为复杂,导致流域氮磷流失强度变化难以出现特定规律。

为进一步探讨流域尺度下不同土地利用类型的 N、P 流失规律,本章节对 SWAT 输出结果进行分析,得到 9 个子流域尺度的月降雨量-TN 流失负荷、月降雨量-TP 流失负荷的线性回归方程,并根据这一结果进一步使用多元回归分析,得到混合林与水稻田的月降雨量-TN 流失强度、月降雨量-TP 流失强度相关方程。

结果显示,TN、TP 流失负荷与月降雨量呈极显著正相关,所有 p 值均小于 0.01。降雨量-TN 流失负荷回归方程的决定系数 R^2 在 0.59~0.85 之间,而 TP 的 R^2 相对较小,在 0.55~0.75 之间。同等情况下,同等降雨量不同子流域的 TN、TP 流失负荷随流域面积的增大而增大,但不同土地利用的分布情况会导致面积相近子流域的氮磷流失规律存在较大差异。

对于不同土地利用类型的非点源污染物流失强度的研究显示,降雨量相同时,水稻田单位面积的 TN 流失强度大于混合林。当月降雨量大于 89 mm 时,TP 流失强度也出现相同规律。说明研究区域非点源污染控制的重点主要在于分布广泛、N/P 流失强度高的水稻田上。

在流域氮磷流失强度与水稻田面积比例关系分析中发现,当水稻田面积比小于 45%时,流域氮磷流失负荷随水稻田面积比的增大而增大。TN 流失强度-水稻田比例与 TP 流失强度-水稻田比例回归方程的决定系数 R^2 分别达 0.67 和 0.59。

获得大尺度不同土地利用下的氮磷流失规律有助于制定科学、规范的环境规划,但仍须注意这样的结果仍有其局限性。另外,本研究所得结果是基于流域尺度的 SWAT 月输出数据,所得结果综合了多重因素的影响,对于大范围的非点源污染产排污估算更有实际意义,但对于较小流域、特定农田的氮磷流失负荷计算可能不合适。

6.5.2　SWAT 模型在平原区的实例应用

1. 研究区域概况

嘉兴市位于长江三角洲的杭嘉湖平原,东邻上海、西连杭州、北接苏州、南濒杭州湾,海岸线长 121 km,总面积为 3915 km²,人口 332 万人。市境地势低平,平均海拔 3.7 m,其中秀洲区和嘉善北部最为低洼,其地面高程一般在 3.2~3.6 m 之间,部分低地 2.8~3.0 m。图 6-36、图 6-37 分别为嘉兴市高程图和嘉兴市水系图。

2. 自然条件

嘉兴市地处北亚热带南缘,属东亚季风区,冬夏季风交替,四季分明,气温适中,雨水丰沛,日照充足,具有春湿、夏热、秋燥、冬冷的特点,因地处中纬度,夏令湿热多雨的天气比冬季干冷的天气短得多,年平均气温 15.9℃,年平均降水量 1168 mm,年平均日照 2017 h。

3. 污染情况

近年来,嘉兴年生猪饲养量在 700 万头以上,并主要集中分布于 10 个乡镇,养殖的区域密度过高对环境承载力构成严峻挑战。该地区有一些畜禽排泄物直接外

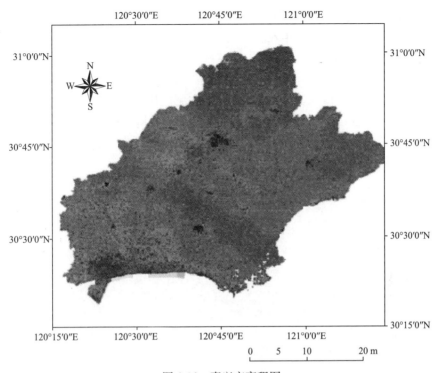

图 6-36　嘉兴市高程图

图 6-37　嘉兴市水系图

排的现象,使少数生猪养殖密集区域的养殖污染成为水体的主要污染源,给农村生态环境造成了严重破坏。每年农膜使用量达到 4600 多吨,用后大多没有回收或集中处理,造成白色污染。嘉兴市农作物秸秆产生量每年 170 万吨左右,有 20% 被焚烧或丢弃,农田生态平衡不容乐观。据有关部门测算,2012 年嘉兴化肥施用量平均每公顷达到 308 kg,远高于国际公认的化肥施用安全上限 225 kg/hm²;每公顷农地农药使用量达 19.6 kg,是全国平均水平 7.5 kg 的两倍多,约有 1/3 的化肥、2/3 的农药进入农业生态环境,造成水质富营养化污染。表 6-16、表 6-17 是嘉兴统计的主要污染点源。

表 6-16 嘉兴污染点源

编号	单位	日流量/m³	TN/kg	TP/kg	NH₄⁺-N/kg
1	嘉兴市秀洲区市泾污水处理厂	1989	6.16	0	6.16
2	嘉兴市秀洲区大坝污水处理厂	658	1.31	0	1.31
3	嘉兴市秀洲区田乐污水处理厂	3254	6.76	0	6.76
4	嘉兴市秀洲区荷花污水处理厂	1536	4.36	0	4.36
5	嘉兴市秀洲区民众污水处理有限公司	2350	4.70	0	4.70
6	嘉兴市秀洲区南汇污水处理有限公司	4520	9.04	0	9.04
7	嘉兴市新港污水处理有限公司	3100	29.76	0	29.76
8	嘉善县大地污水处理工程有限公司姚庄污水处理厂	16547	81.41	3.39	36.07
9	嘉善洪溪污水处理有限公司	26100	381.6	3.49	274.05
10	嘉兴市联合污水处理有限责任公司	397878	5172.42	334.21	5172.42
11	桐乡市城市污水处理有限责任公司崇福污水处理厂	26098	294.38	5.06	174.33
12	桐乡市城市污水处理有限责任公司	397878	298.08	18.9	298.08
13	桐乡市屠甸污水处理有限公司	397878	173.88	1.29	76.14

表 6-17 研究区域内工厂企业日排污量

地区	畜禽日存栏量(头/羽)			污染物日排放量/kg			
	生猪	牛	鸡	COD	TN	TP	NH₄⁺-N
海宁市	109700	2527	5695347	6466.74	3234.92	810.73	205.78
海盐县	241600	—	3131800	6541.06	3431.17	1101.95	235.32
嘉善县	335101	174	—	6066.62	5619.59	2068.44	332.69
南湖区	1204800	—	165567	21802.30	6308.10	2864.90	475.10
平湖市	316693	800	145000	5961.97	3986.13	1536.55	251.20
桐乡市	177600	—	200800	3337.36	5185.26	1408.68	256.54
秀洲区	145898	830	569500	3190.81	2404.57	921.22	156.42

4. 基础数据库构建

平原基础数据库的构建同 6.5.1 节中山区基础数据库构建方法相同。

5. 数据初步处理及数据库构建

1) DEM 数据处理

本研究所用的原始地形资料是栅格大小为 30 m×30 m 的浙江省 DEM 栅格数据,利用 ARCGIS 切割出嘉兴 DEM,并进行填注处理得到 DEM(图 6-38)。

2) 河网水系图

嘉兴平原河网交错,人工河流及渠塘交错,并且 DEM 高程差不能提取出与实际水系相符的河网图层,因此根据嘉兴水系图,人为提取出嘉兴水系,再将提取出的河网刻入经过填注处理的 DEM(图 6-39)(孙世明等,2011)。

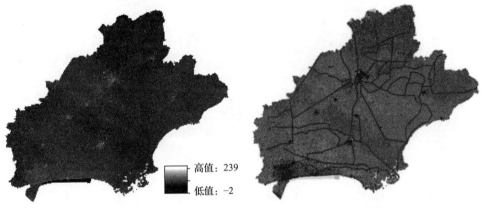

高值: 239
低值: -2

图 6-38　处理后的嘉兴 DEM　　　　　　　　图 6-39　刻入河网

天气发生器、土壤数据库、土地利用重分类数据库(构建同模型在山地的应用相同)建立完成以后,将所有基础数据按照操作步骤输入(参照 6.4 操作步骤)SWAT 模型进行模拟运行。在运行操作过程中,我们可以得到嘉兴平原子流域、HRU 划分土地利用、土壤分布情况等信息(图 6-40)。

6. 数据库信息编辑

完成 HRU 定义后,需要输入或编辑各类基础数据信息,除气象信息为必备数据外,点源信息、水库信息、农事管理信息等可以依照实际情况选择性输入。

7. SWAT 模型率定

通过 SWAT 运行,将研究区域划分为 51 子流域。将基础数据输入 SWAT 模型,运行模型后得到模拟结果。平原率定方法可参见 6.5.1 节中 SWAT 模型率

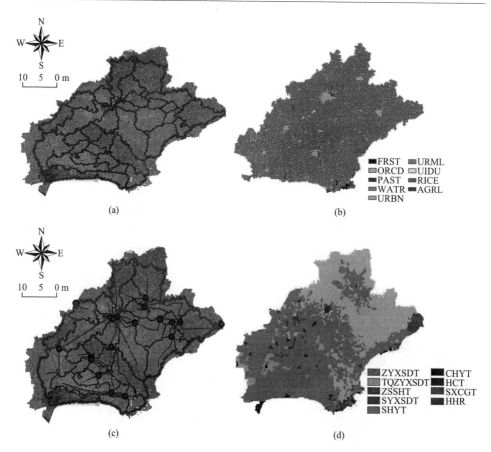

图 6-40　(a)子流域划分；(b)土地利用情况；(c)土壤分布情况；(d)河网分布

定,选择 SUFI-2 对模型进行率定,率定结果用确定性系数 R^2 和纳什系数 E_{NS} 评价。

与山地相比,平原高程变化较小,且河网交错纵横,模拟河水流向与实际情况有一定的偏差,因此率定难度较大,最终率定结果略差于山地。为达到评价要求,本研究对模型进行了多次率定,每次率定设定为 2000 次。率定结果的率定参数及最终值见表 6-18、表 6-19。

表 6-18　四项模拟指标模拟精度

模拟指标	R^2		E_{NS}	
	率定期	验证期	率定期	验证期
流量	0.71	0.68	0.63	0.62
TP	0.67	0.63	0.65	0.66
TN	0.65	0.71	0.60	0.69
NH_4^+-N	0.67	0.75	0.73	0.70

表 6-19　率定参数

编号	参数名称	最终值
1	CN2. mgt*	55.49
2	ALPHA_BF. gw	0.03
3	RCHRG_DP. gw	0.42
4	GWQMN. gw	150
5	ESCO. hru	0.11
6	BIOMIX. mgt*	0.64
7	CANMX. hru	5
8	USLE_P. mgt*	0.43
9	SOL_AWC. sol	1.57
10	GW_REVAP. gw	0.12

图 6-41～图 6-44 分别为红旗塘实测流量值,青阳汇实测 NH_4^+-N、TP、TN 值与模拟值的对比。从图中可以看出,降雨峰值与水文水质监测值高峰出现时期基本一致,可进一步研究流域尺度上降雨量与非点源污染产污负荷间的关系。

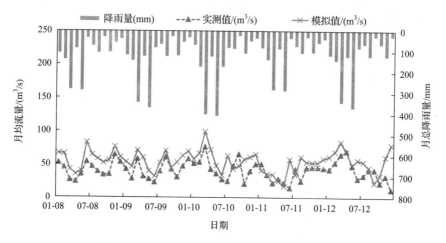

图 6-41　红旗塘月平均流量实测值与模拟值比较

8. 平原流域氮磷流失强度分布

氮磷流失具有地区特异性,地方水文气候条件、地形地貌、土地利用、土壤类型等都影响氮磷流失强度的大小。同时,由于降雨量年内分布不均,农田管理措施存在季节性差异等,氮磷流失负荷具有明显的时间分布特征。分析氮磷流失的时空特性有助于识别重污染区域及污染流失高风险期,为制定合理的污染控制方案提供依据。

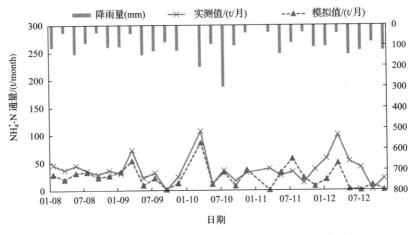

图 6-42　青阳汇 NH$_4^+$-N 月均通量实测值与模拟值比较

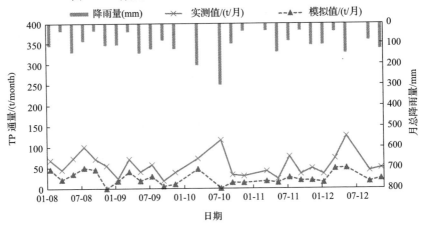

图 6-43　青阳汇 TP 月均通量实测值与模拟值比较

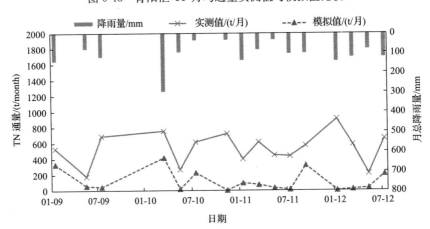

图 6-44　青阳汇 TN 月均通量实测值与模拟值比较

通过模拟数据,可计算出年平均氮磷流失负荷(方法参见 6.5.1 节),从图 6-45 中可以看出不同子流域的氮磷流失强度相差较大,TN、TP 流失强度分别为 6.9～17.4 kg/hm² 和 1.2～2.9kg/hm²。

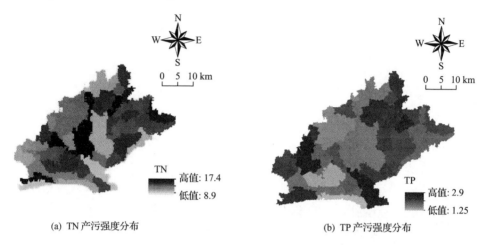

(a) TN 产污强度分布　　　　　　　　　　　　　(b) TP 产污强度分布

图 6-45　氮磷流失负荷

9. 两种土地利用下降雨-氮磷流失强度回归分析

由 SWAT 模型率定和验证后可知,农田氮、磷的流失负荷与降雨量呈正相关关系,本章节中数据分析方法参见 6.5.1 节分析方法。

1) 子流域选择

在嘉兴平原中,村镇用地(城镇和居民区)和水稻种植区所占比例较大,两者共占总面积的 90% 以上。本研究仅分析村镇用地、水稻田两种土地利用类型的产污负荷与降雨间的相关性。选择村镇用地与水稻总面积占 90% 以上的子流域参与分析并忽略其他土地利用类型的产污。

研究区共分 51 个子流域,如表 6-20 所示,其中 4、6、7、14、24、31、34、37、38、39 号子流域面积不到 20 km²,3、47、51 号子流域水稻和村镇面积比例不到 90%,因此以上 13 个子流域不用于分析。剩余 38 个子流域用于分析氮磷和降雨的关系。

表 6-20　所选子流域土地利用分布情况

编号	流域	面积/km²	水稻/km²	村镇/km²	水稻+村镇面积/km²	水稻+村镇比例/%
1	1	36.10	29.33	6.63	35.96	99.6
2	2	29.42	22.17	6.36	28.53	97.0
3	5	60.76	47.82	9.21	57.02	93.9
4	8	74.08	52.31	14.40	66.71	90.1

续表

编号	流域	面积/km²	水稻/km²	村镇/km²	水稻＋村镇面积/km²	水稻＋村镇比例/%
5	9	20.69	16.81	2.66	19.47	94.1
6	10	30.40	25.72	4.34	30.06	98.9
7	11	50.33	39.11	8.90	48.01	95.4
8	12	44.04	37.33	6.42	43.75	99.4
9	13	42.62	36.62	5.67	42.28	99.2
10	15	48.48	41.16	7.07	48.22	99.5
11	16	90.51	74.64	13.37	88.01	97.2
12	17	42.80	37.06	5.65	42.70	99.8
13	18	36.13	30.26	5.83	36.08	99.9
14	19	76.42	59.58	15.84	75.43	98.7
15	20	153.04	120.33	27.34	147.67	96.5
16	21	257.84	215.77	37.23	253.00	98.1
17	22	30.46	25.10	5.41	30.51	100.2
18	23	64.68	55.81	8.68	64.49	99.7
19	25	64.53	50.05	12.50	62.55	96.9
20	26	51.69	38.81	12.52	51.33	99.3
21	27	39.21	30.63	8.65	39.28	100.2
22	28	35.96	28.67	7.07	35.75	99.4
23	29	33.10	25.79	6.98	32.77	99.0
24	30	47.29	38.51	8.68	47.19	99.8
25	32	131.50	105.82	16.88	122.70	93.3
26	33	59.86	46.22	13.50	59.72	99.8
27	35	216.56	165.20	43.94	209.14	96.6
28	36	221.38	179.66	36.52	216.19	97.7
29	40	48.62	40.22	7.60	47.82	98.4
30	41	75.36	61.48	11.20	72.67	96.4
31	42	52.65	47.11	4.34	51.45	97.7
32	43	157.17	126.79	30.19	156.98	99.9
33	44	64.50	50.10	14.06	64.16	99.5
34	45	60.27	51.24	7.09	58.33	96.8
35	46	156.61	122.48	31.33	153.81	98.2
36	48	56.74	122.48	31.33	153.81	98.21
37	49	74.67	39.50	14.87	54.37	95.82
38	50	36.10	49.18	21.20	70.38	94.26

10. TN 流失强度与降雨的关系

通过残差分析删除异常值后,每个子流域参与分析的样本量在 46～60 之间。图 6-46 显示的是子流域 1 的 TN 月流失负荷与月降雨量间的线性拟合曲线。子流域 1 每月的 TN 流失负荷与降雨量呈正相关关系,拟合曲线的决定系数 R^2 达 0.74,其他子流域所呈现的规律与子流域 1 相似,此处不一一说明。

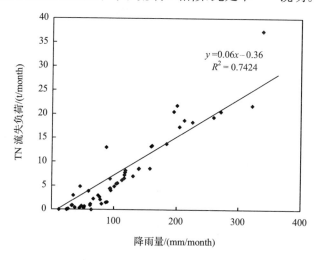

$$y = 0.06x - 0.36$$
$$R^2 = 0.7424$$

图 6-46　子流域 1 的降雨量-TN 流失负荷回归曲线

表 6-21　子流域 TN 流失负荷与降雨量线性相关方程

编号	子流域	样本量	回归方程	R^2
1	1	51	TN=0.06P-0.36	0.74
2	2	50	TN=0.05P-0.23	0.81
3	5	57	TN=0.1P-0.65	0.76
4	8	52	TN=0.11P-0.56	0.52
5	9	51	TN=0.04P-0.25	0.39
6	10	50	TN=0.05P-0.37	0.68
7	11	52	TN=0.08P-0.48	0.62
8	12	55	TN=0.08P-0.53	0.84
9	13	57	TN=0.08P-0.54	0.76
10	15	52	TN=0.09P-0.59	0.48
11	16	52	TN=0.16P-1.04	0.59
12	17	51	TN=0.08P-0.55	0.80
13	18	55	TN=0.06P-0.41	0.67

续表

编号	子流域	样本量	回归方程	R^2
14	19	57	$TN=0.13P-0.66$	0.63
15	20	58	$TN=0.25P-1.49$	0.83
16	21	57	$TN=0.45P-3.06$	0.47
17	22	58	$TN=0.05P-0.32$	0.71
18	23	52	$TN=0.12P-0.82$	0.73
19	25	51	$TN=0.11P-0.58$	0.20
20	26	55	$TN=0.08P-0.36$	0.75
21	27	57	$TN=0.07P-0.32$	0.71
22	28	58	$TN=0.06P-0.34$	0.19
23	29	52	$TN=0.06P-0.28$	0.2
24	30	52	$TN=0.08P-0.48$	0.68
25	32	55	$TN=0.22P-1.55$	0.71
26	33	57	$TN=0.1P-0.47$	0.65
27	35	57	$TN=0.35P-1.83$	0.18
28	36	58	$TN=0.38P-2.37$	0.72
29	40	58	$TN=0.08P-0.55$	0.68
30	41	56	$TN=0.13P-0.85$	0.71
31	42	52	$TN=0.1P-0.8$	0.21
32	43	51	$TN=0.27P-1.52$	0.74
33	44	55	$TN=0.11P-0.53$	0.81
34	45	57	$TN=0.11P-0.79$	0.78
35	46	58	$TN=0.26P-1.4$	0.75
36	48	58	$TN=0.26P-1.4$	0.20
37	49	52	$TN=0.09P-0.29$	0.20
38	50	52	$TN=0.11P-0.27$	0.59

注：TN 为子流域每月 TN 流失负荷，t/month，TN$\geqslant$0；P 为子流域面上平均降雨量，mm/month

图 6-46 及表 6-21 显示，降雨量与子流域 TN 流失负荷呈正相关关系。对降雨量-TN 流失负荷回归曲线的斜率 K 和截距 B 与混合林和水稻田面积进行多元回归分析，得式(6-16)与式(6-17)，据此可获得混合林和水稻田降雨量-TN 流失强度关系方程[式(6-18)及式(6-19)]。

$$K = 0.0005A_{URML} + 0.002A_{RICE}, \quad R^2 = 0.68, p < 0.01 \qquad (6\text{-}18)$$

$$B = 0.0336A_{URML} - 0.020A_{RICE}, R^2 = 0.87, p < 0.05 \qquad (6\text{-}19)$$

$$TNL_{RICE} = 0.002P - 0.020 \qquad (6\text{-}20)$$

$$TNL_{URML} = 0.0005P - 0.036 \qquad (6\text{-}21)$$

式中,K 为降雨-TN 流失回归方程的斜率;B 为降雨-TN 流失回归方程的截距;A_{URML} 为子流域中村镇用地面积,km^2;A_{RICE} 为子流域中水稻田的面积,km^2;TNL_{URML} 为混合林 TN 流失强度,$t/(km^2 \cdot month)$,$\geqslant 0$;TNL_{RICE} 为水稻田 TN 流失强度,$t/(km^2 \cdot month)$,$\geqslant 0$。

11. TP 流失强度与降雨的关系

对子流域 1 作降雨量-TP 流失负荷散点图,得到图 6-47,从图中可以看出,当降雨量低于 100 mm 时,大部分 TP 流失负荷数值为零。

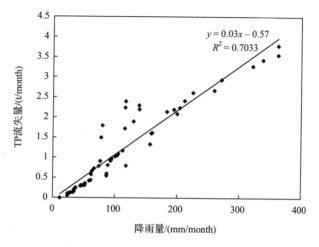

图 6-47　子流域 1 的降雨量-TP 流失负荷回归曲线

40 个子流域降雨量-TP 流失负荷回归方程及决定系数 R^2 见表 6-22。从表中可以看出,TP 流失负荷与降雨量呈极显著正相关。而回归方程 R^2 在 $0.56\sim0.82$ 之间,与降雨量-TN 流失负荷的相比略低。回归方程斜率 K 的分布规律与 TN 的类似,K 值与子流域面积呈正相关但不成正比。

表 6-22　子流域 TP 流失负荷与降雨量线性相关方程

编号	子流域	样本量	回归方程	R^2
1	1	51	$TP=0.060P-0.360$	0.74
2	2	50	$TP=0.020P+1.980$	0.61
3	5	52	$TP=0.021P-1.004$	0.72
4	8	57	$TP=0.025P-0.642$	0.63
5	9	58	$TP=0.032P-0.156$	0.60
6	10	52	$TP=0.029P-1.503$	0.81
7	11	52	$TP=0.036P-2.009$	0.79

编号	子流域	样本量	回归方程	R^2
8	12	51	TP=0.022P−0.538	0.60
9	13	50	TP=0.025P−0.857	0.67
10	15	52	TP=0.028P−1.305	0.88
11	16	55	TP=0.023P−0.875	0.81
12	17	57	TP=0.046P−2.090	0.88
13	18	58	TP=0.044P−2.116	0.92
14	19	52	TP=0.014P−0.590	0.85
15	20	52	TP=0.073P−4.201	0.62
16	21	51	TP=0.020P+0.302	0.50
17	22	55	TP=0.033P−1.798	0.64
18	23	57	TP=0.079P−3.258	0.74
19	25	58	TP=0.031P+0.922	0.20
20	26	57	TP=0.052P−2.948	0.61
21	27	58	TP=0.043P−2.390	0.62
22	28	52	TP=0.014P+0.529	0.19
23	29	52	TP=0.017P+0.576	0.18
24	30	55	TP=0.027P−1.539	0.61
25	32	57	TP=0.043P−2.462	0.61
26	33	52	TP=0.096P−4.891	0.54
27	35	51	TP=0.016P+1.326	0.18
28	36	55	TP=0.115P−5.295	0.50
29	40	57	TP=0.042P−0.946	0.66
30	41	58	TP=0.050P−2.864	0.62
31	42	52	TP=0.014P+0.616	0.36
32	43	52	TP=0.027P−0.940	0.49
33	44	58	TP=0.095P−5.397	0.60
34	45	56	TP=0.054P−3.115	0.62
35	46	51	TP=0.138P−7.722	0.64
36	48	55	TP=0.022P+0.879	0.18
37	49	57	TP=0.043P−2.379	0.60
38	50	50	TP=0.063P−3.668	0.63

对降雨量-TP 流失负荷回归曲线的斜率 K 和截距 B 与村镇和水稻田面积进

行多元回归分析,得式(6-20)与式(6-21),对应的混合林和水稻田降雨量-TN 流失强度关系方程为式(6-22)及式(6-23)。

$$K = 0.00003 A_{RICE} + 0.002 A_{URML}, R^2 = 0.78, p < 0.01 \qquad (6\text{-}22)$$

$$B = 0.004 A_{RICE} - 0.105 A_{URML}, R^2 = 0.60, p < 0.01 \qquad (6\text{-}23)$$

$$TPL_{RICE} = 0.00003P + 0.0004 \qquad (6\text{-}24)$$

$$TPL_{URML} = 0.002P - 0.105 \qquad (6\text{-}25)$$

式中,K 为降雨-TP 流失回归方程的斜率;B 为降雨-TP 流失回归方程的截距;A_{URML} 为混合林田面积,km^2;A_{RICE} 为水稻田面积,km^2;TPL_{URML} 为混合林 TP 流失强度,$t/(km^2 \cdot month)$,$\geqslant 0$;TPL_{RICE} 为水稻田 TP 流失强度,$t/(km^2 \cdot month)$,$\geqslant 0$;P 为每月降雨量,$mm/month$。

6.5.3　小结

SWAT 模型是研究流域尺度非点源污染排放特性的有效工具。利用该模型既可以模拟获得研究地区面上污染物(如 N、P 等)的产生量,对流域污染程度及污染分布做出评价;也可以通过改变输入数据查看土地利用、气候、农田管理措施的改变对流域非点源污染的影响,得到非点源污染产排污规律,预测各类污染管理措施的效果,为减排措施的制定提供参考信息。而能实现上述功能的,则必须成功建立切实有效、符合研究区特性的专属模型。

建立模型最主要的有两个内容:①基础数据的收集及预处理;②对建成模型的率定与校正。SWAT 模型需要的输入数据包括空间数据和属性数据,具体包括:数字高程模型 DEM、土地利用图、土壤图、土壤属性数据、气象数据、水利设施参数、点源数据及农田管理操作。这些数据主要来源于三方面:①各机构、科研单位建立的数据共享中心;②从相关单位直接购买;③实地调查。数据预处理则包括空间图件重投影及天气发生器、土壤属性数据库等的建立(康杰伟等,2007)。而模型的率定与校正是通过改变模型参数以提高模拟值与实测值之间吻合度的过程,通常使用确定系数 R^2 及纳什系数 E_{NS} 来评判模拟结果的有效性。

本研究建立的 SWAT 模型分别以浙江省东苕溪瓶窑上游流域和嘉兴流域为研究对象,通过率定模型参数,最终使流量,TN、TP、NH_4^+-N 通量四个指标达到模拟精度要求,R^2 均在 0.6 及以上,E_{NS} 均在 0.6 及以上。且模拟结果显示,流域出口月内平均流量、N/P 等污染物通量与降雨量呈一定的相关性,可对降雨量与非点源污染产污负荷间的关系做进一步研究。

6.6　SWAT 模型应用注意事项

分布式水文模型对自然流域进行子流域划分时,通常基于最陡坡度原则和最小给水面积阈值的概念。模型通过对 DEM 进行处理,以山谷线作为汇流路径,生成河网并进行编码;以分水岭作为子流域的边界,生成的子流域保持着流域的地理位置并同其他子流域保持空间联系;每个子流域进行汇流演算,最后求得出口断面流量。但平原区的地形高差相差较小,使模型通常无法提取完整的自然河网并且在平原灌区内分布着复杂的人工渠、沟,这些人工渠系改变了自然的水流路径和产汇流形式,尤其是对于自流灌区,人工渠系中的填方、挖方等工程人为改变了渠道处原本的高程值。此外,平原灌区是以输配水渠系与排水沟网覆盖的灌域为单元进行用水管理,而分布式水文模型对自然流域的水文模拟是以集水区为单元,直接划分的空间子流域无法反映灌区用水管理。因此,在处理平原时,需要对 DEM 进行填洼和河网凹陷化处理。同时需要对模型进行改进。目前通过编程实现人工判断单元流向自动实现运行控制文件的生成,解决了平原区建模的难题。

　　除了在平原应用有一定的局限性外,模型在输入与参数调试方面也不太方便。哪怕只改变一个降水站点数据信息或一个参数,就需要重新进行一次参数文件的生成,而这个过程的运行在流域 SWAT 模型中要耗费很长时间,使得 SWAT 应用受到一定的限制。

6.7　现有模型氮磷流失负荷统计

　　利用 SPSS 统计软件对 20 篇文献的 11 个大中尺度流域进行分析,不同尺度流域的氮磷流失受诸多因素影响,如土地利用类型、土壤种类、降雨量、地形坡度等均能在一定程度上影响氮磷向水体的迁移转化。图 6-48、图 6-49 中的土地利用方式分别表示以耕地和以林地为主,其他利用方式为辅的土地利用方式。流域 TN

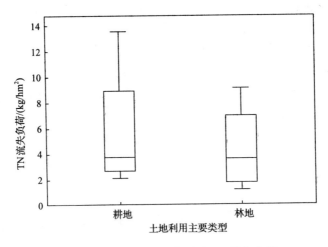

图 6-48　不同土地利用类型下 TN 流失负荷

流失负荷最大值为 13.62 kg/hm²，最小值为 1.02 kg/hm²，均值为 9.06 kg/hm²，TP
流失负荷为最大值为 2.97 kg/hm²，最小值为 0.03 kg/hm²，均值为 1.29 kg/hm²。此
外，从箱图中可以看出，以林地为主的土地利用方式的氮磷流失负荷大于农田，这
主要是受其他土地利用方式以及山地坡度影响造成的。

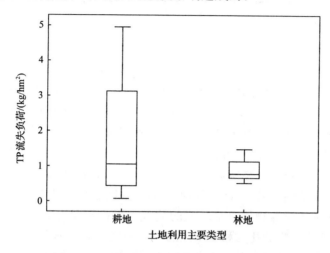

图 6-49　不同土地利用类型下 TP 流失负荷

第7章　河道富营养化氮磷生态阈值核算方法

7.1　引　言

氮、磷的过度排放容易促使水体水生植物大量繁殖，导致富营养化(Conley et al.，2009；Abell et al.，2010)。然而，水体富营养化发生过程中存在临界效应，即存在富营养化发生阈值。因此，制定河道氮磷阈值是约束水体污染的有效方法之一，也有助于改善已受损的水体。

氮磷是藻类生长的重要物质基础，其与藻类生物量之间的关系一直是研究水体富营养化的重要内容之一(许海等，2013)，也是制定水体氮磷营养物生态阈值的重要依据。氮磷等营养物质对水环境的危害主要在于促进藻类的生长而暴发水华，从而导致水生生物的死亡和水生生态系统的破坏。水华发生的直接原因是水体中的浮游植物急剧增殖，而水体中叶绿素 a(Chla)的水平则是反映浮游植物生物量高低的重要指标。水体中叶绿素 a 含量及其动态变化反映了水体中藻类的丰度、生物量及其变化规律，同时也反映了水域初级生产者通过光合作用合成有机碳的能力。通过测定叶绿素 a，可以了解水体中藻类的现存量和基础生产量，它是水生生态系统生物链的基本结构参数，是一个直观描述水体富营养化状况的客观生物学指标，也是水体富营养状态评价中最为重要的指标。在一定程度上，能够表征水体藻类浓度大小的叶绿素 a 经常被用来评价水体富营养化程度。因此，本方法以水体氮磷和叶绿素为主要研究对象，通过不同类型河流的悬浮叶绿素以及底栖叶绿素与氮、磷的数学关系，利用经验方程并在适应实际监测的基础上进行调整，建立适合研究区域的氮磷生态阈值核算数学模型，并经过进一步考核和验证，确定方法的可行性及准确性。

7.2　核算方法原理与优点

7.2.1　核算方法原理

本方法通过实际布点采样分析测定水体及底泥中氮磷和叶绿素含量，建立适合于研究区域的数学关系模型，并代入选取的叶绿素限定值，即可计算出研究区域氮磷阈值标准。在研究区域选取具有代表性的典型河流，合理布设点位，在藻类暴发周期，结合实际情况合理安排采样频率，并严格按样品采集规范对研究区域河道水样以及底泥样品进行采集,送回实验室分别分析水样及底泥样品中氮磷等营养物质和叶绿素含量,并通过探究氮磷等营养物质与两种叶绿素之间数学关系,建立适合研究区域的氮磷生态阈值核算数学模型,并在适应实际监测的基础上进行了适当调整,最后再对区域性氮磷阈值进行计算。

叶绿素 a 不仅能够表征藻类现存量,还能反映水体中藻类的变化规律,也可以直观地描述水体的富营养化状况,是水体富营养状态评价中最为重要的客观生物学指标,且经常被用来评价水体富营养化程度(Lorenzen et al. ,1967;Yung et al. ,1997)。河道的叶绿素 a 主要存在于水体和底泥表面两种介质中,分别为悬浮叶绿素 a 和底栖叶绿素 a,并分别表征水层和底泥表层的藻类现有量。这两类叶绿素 a 都是反映水环境中藻量以及氮磷含量的重要指标,因而需要用这两类叶绿素 a 对氮磷同时进行限制。

关于水体悬浮叶绿素 a 和底栖叶绿素 a,不同的研究机构给出了不同的限制值,美国环境保护署(USEPA)建议悬浮叶绿素 a 为 8 μg/L,ANZECC 建议悬浮叶绿素 a 为 3~5 μg/L,而底栖叶绿素 a 浓度使用参考值 100 mg/m^2(Nordin et al. ,1985;Royer et al. ,2008;Chambers et al. ,2008)。以这些目前公认的限制值为基础,本研究分别选取 5 μg/L(悬浮叶绿素 a)和 100 mg/m^2(底栖叶绿素 a)作为研究区域的两类叶绿素 a 的限制值。

通过叶绿素 a 和氮、磷之间的线性方程,对照设定好的限制值,利用 El-Shaarawi 等研究者实测分析所得且经过校正的经验方程(El-Shaarawi et al. ,2007)得出河道氮磷阈值。调整后的经验方程如下:

$$lgChla = (\beta_1 \times lgX_0 + \beta_0 + \lambda \times s^2) \pm t_{n-p,\alpha/2} \times s$$
$$\times \left\{ 1 + \frac{1}{n} + \frac{(lgX_0 - \overline{lgX})^2}{\sum (lgX_t - \overline{lgX})^2} + \frac{2 \times \lambda^2 \times s^2}{n-p} \right\}^{1/2}$$

式中,β_0、β_1 为线性回归参数;n 为点位数;p 为参数数量;λ 为常量,取 0.5;s 为均方根误差,s^2 为均方差;α 为置信度;X 对应总氮、总磷系列监测数据;X_0 为设定的总氮、总磷阈值。该方程前部分表征叶绿素 a 和总氮、总磷之间的线性回归关系,后部分是在适应实际监测的基础上对方程进行了适当调整。代入设定好的叶绿素 a 限制值(SChla 5 μg/L、BChla 100 mg/m^2),即可计算出总氮、总磷生态阈值。

7.2.2　核算方法优点

目前制定河道氮磷阈值的研究也有不少,除了利用生态学指标制定方法外,还存在不少统计学方法和回归模型推断法。其中,总结出具有代表性的方法有:①Y-截距法,对流域内的不同土地利用百分数与对应的总氮、总磷浓度建立线性回归模型,从而找出 Y 值,即总氮、总磷的阈值(Dodds,2003);②百分位数法,使用预定的百分比数据确定背景值和受损条件之间的边界值(Anzecc,2004;USEPA,2000);

③回归树分析,在建立因变量(总氮、总磷)和自变量(土地利用类型)响应关系的基础上确定阈值。

统计学方法是利用生态分区内收集到的河流历史和现状的大量数据进行统计分析来确定营养物参照状态。该方法分为参照河流法和所有点罗列法两类。统计学方法的优点是充分利用历史及现状的实测水质和生物数据,保证制定的基准使大多数河流在无大的污染条件下不发生富营养化(Fu,2005)。但是,就我国而言,目前尚未形成统一的分区参照河流的量化标准方法,通常是通过分析河道流域土地利用数据以及流域图像资料确定。所以运用参照状态法存在的问题是如何选择参照河流以及进行量化和界定。而且我国大部分河流普遍受人类影响较大,富营养化严重,可以作为参照河流的河流比较少,历史数据也不足,因此利用河流营养物参照状态法确定营养物基准存在不小难度。

回归模型推断法是利用大量数据建立可靠的压力-响应关系,建立拟合曲线,通过推断低压力水平条件下的压力-响应关系来确定河流的营养物基准。或者利用响应和预测变量之间内在联系的信息建立模型,确定参照状态,其中预测变量为独立的且不受人类活动影响的变量(如地理变量)。模型推断法的优势是能够建立连续的评价基线,而且对生态分区河流的环境条件要求不高,可用于受人类影响较严重的河流的基准确定,但需要大量数据进行系统的校准和验证(Walker et al.,2007),工作量及难度均很大。

本方法以生态学指标叶绿素为对象,研究其与水体氮磷等营养物质的相关关系,并建立适用性数学模型,通过它们的数学关系以及叶绿素 a 的限值标准从而确立 TN、TP 的生态学阈值。方法以氮磷和叶绿素关系为制定阈值标准的依据和基础,能更直接地反映水体中氮磷输入和藻类生长的"响应"关系,确定的氮磷阈值能更好地表征水体富营养化过程中的临界效应,即富营养化阈值,这对于改善流域水质,控制河道水体污染及富营养化具有更好的指导意义。且该方法不需要收集大量河流历史数据,对于河流受污染程度及生态分区也没有要求,限制条件较少,操作可行性强,具有较为广泛的适用性。

7.3　核算方法要求

7.3.1　采样点位选取

在研究区域内选择具有代表性的典型河流进行样品采集,根据阈值制定对象不同,可在一条河流上进行合理布点,也可选取多条不同水系类型、不同污染程度的典型河流进行合理布点。选取点位尽量和研究区域省控、市控断面重合或接近,以便需要时可以获取点位其他水文数据。点位布设间距须根据河流类型和河流规模合理设置,避免出现点位过分集中和缺少点位现象。在有重大污染源可观测到藻类大量繁殖或污染源有变化的河段,可适当加密布设点位。同时遵循点位布设的典型干支流原则,即在主要干流的支流上补充相应点位,便于整体分析。根据具体研究河流类型和规模合理设置点位数量,若在一条河流上布点采样,原则上点位不少于 30 个,若在一个研究区域进行面上采样,原则上点位不少于 100 个。

7.3.2　采样时间

采样时间应安排在藻类暴发周期(一般为 5~10 月,具体可根据研究区域历史调查资料确定),其中 7~9 月份是藻类大量生长阶段,可根据实际情况集中在这段时间进行河道样品采集。避免在冬季藻类生长衰亡期间进行采样,以防采集样品不具有典型代表性。

7.3.3　采样操作

野外采样不可避免很多偶然因素和不可预见性困难,采样过程中方法不规范和样品保存不当等错误性采样操作都会对后续试验测定分析结果的准确性造成严重影响。因而在采样过程中,须端正采样态度,严格遵循采样操作流程(参见 7.5节),出发前做好全面而细致的准备工作,制定详细的采样方案,同时对采样过程中一些可预见性困难和错误在事前要及时做好防范和纠正。

7.3.4　实验分析

实验室相关指标测定须严格按照国标测定方法执行,注意实验操作规范和流程,测定平行样品,做出误差分析,保证样品实验室测定结果的准确性,尽量减少由于实验误差对最终阈值核算结果造成的影响。若测定指标平行样相差较大,须重新进行实验测定。

7.3.5　阈值测算

阈值测算须结合相关统计学分析软件,严格按照测算方法分步进行,不可自行删减关键步骤,测算结果须返回代入制定的数学模型进行反算验证,并结合实际监测值对阈值测算结果的合理性及准确性进行分析论证,若结果存在较严重不合理性,须对核算步骤和条件要求进行进一步检查分析,查找出计算错误及原因,并进行重新测算。

7.4　硬 件 设 置

采样须准备水样采集器和底泥采集器(采集河道水样及底泥样品),多功能水质参数仪(现场测定水质常规理化指标)、流量仪(必要时测河水流速流量)。

　　实验测定分析须准备高压灭菌锅(测定 TN、TP 时进行样品消煮)、离心机(测叶绿素时样品离心提取)、紫外分光光度计(样品测定吸光度)、冷冻干燥器(底泥样品进行冷冻干燥)、抽滤器(测定叶绿素时浓缩水样)。

　　阈值测定须准备较高配置电脑一台(安装 SPSS、Origin、Matlab 等统计学软件进行测算)。

7.5　操 作 方 法

7.5.1　样品采集处理及检测

　　1) 水样的采集和测定

　　用有机玻璃水质采样器采集水样两份,一份置于 300 mL 大口塑料瓶中,滴加稀硫酸抑制微生物活动,放入移动冰箱中送回实验室,进一步分析测定水样的总氮、总磷指标;另一份置于 500 mL 大口塑料瓶中,滴加 1％碳酸镁悬浊液防止叶绿素的色素化,放入移动冰箱中冷藏,送回实验室。实验室检测过程中,先对水样进行浓缩,提取叶绿素 a,再通过分光光度法检测悬浮叶绿素 a 的浓度(μg/L)。

　　2) 底泥的采集和测定

　　使用柱状底泥采样器采集河道上层底泥,取柱状容器上层底泥 2 cm 左右,用塑封袋封装,放入移动冰箱中冷藏,送回实验室。对采集的底泥进行冷冻干燥后,研磨称量,进一步提取底栖叶绿素 a,再用分光光度法检测,根据测得的浓度以及柱状容器的内表面积,得出底栖叶绿素 a 含量(mg/m²)。

　　3) 现场水质参数检测

　　使用便携式多参数测试仪现场测定水温、pH、溶解氧、氧化还原电位、电导率、浊度等基本水质参数。

7.5.2　实验室检测指标及其方法

　　水样采集后当天立即用移动冰箱送实验室低温(4℃)保存,采样后 1 周内进行相关水质指标的测定,具体指标内容和方法见表 2-1。

　　底泥采集后当天立即用移动冰箱送实验室超低温保存,测定时先将底泥进行冷冻干燥,研磨过 100 目筛,用过筛后的风干土样进行相关指标测定,测定方法与水样相同。

　　叶绿素的测定采用丙酮提取分光光度法,首先应对水样进行过滤浓缩,然后取出带有浮游植物的滤膜,低温干燥后在组织研磨器中用 90％丙酮进行充分研磨,提取叶绿素 a,并用离心机(3000～4000 r/min)多次离心取上清液提取叶绿素,最后将上清液在分光光度计上分别读取 750 nm、663 nm、645 nm、630 nm 波长的吸光度,按公式计算出叶绿素 a 的含量(王心芳等,2002),底栖叶绿素测定时则将底泥取适量冷冻干燥后,再采用丙酮提取分光光度法进行测定。

7.5.3　数据统计和 SOM 分析

　　数据统计、相关分析以及表征变量之间变化趋势的线性回归方程通过 Origin、SPSS、Matlab 软件进行分析计算,叶绿素与各因子间的多重响应关系利用 SOM (self-organized mapping analysis,自组织映射)进行聚类分析。SOM 是一种模拟生物大脑非监督学习的人工神经网络。基于 SOM 的 K-means 算法进行聚类分析,主要是根据 DBI 指数(davies-bouldwin index,DBI)最小自动选择最终的分类。此外,SOM 还输出统一距离矩阵(U-矩阵,U-matrix)面板以及变量位面,U-矩阵主要可视化显示邻域神经元之间的距离以确定自组织映射图的结构,其中神经元颜色的深浅表示聚类边界。U-矩阵包含了全部变量与对象集合的半定量信息,而单个变量位面则是可视化全部对象中给定的变量分布。因此,U-矩阵与变量位面相结合就能够有效地评估变量之间与内部对象之间的关系。在 Matlab 具体操作中,利用 SOMTOOLBOX V2.0 工具箱,采用线性初始化方法、批训练算法、邻域核函数为高斯函数,通过 1000 次迭代训练样本,最终可得到稳定的自组织映射图。图中 U-矩阵主要用来表征各个神经元之间的距离,以此确定自组织图的聚类结构。根据各个神经元所对应的对象属性值的大小,直观上表现为颜色深浅不同,颜色变化大的区域显示出边界,每项参数自组织图右边"d"(denormalization)色彩条表达该参数经标准化处理后的原始统计信息。

　　SOM 和相关性分析可用以说明和检验河道氮磷是否与叶绿素存在一定的相关关系,在存在相关性的前提下,用 Origin、Matlab 等软件对氮磷及两种叶绿素含量的变化趋势进行回归分析和线性拟合,并得出其对数值的线性拟合方程,为阈值计算数学模型的建立制定基础。

7.5.4　阈值计算数学模型

　　本方法利用基于经验的阈值计算标定一些可以用来保护水生态环境的营养盐指标,选取 5 μg/L(悬浮叶绿素 a)和 100 mg/m^2(底栖叶绿素 a)作为研究区域的叶绿素 a 限制值(Royer et al.,2008;Chambers et al.,2008;Chambers et al.,2012)。

　　通过叶绿素 a 和总氮之间的线性方程,对照设定好的限制值,利用 El-Shaarawi 等(2007)实测分析所得且经过校正的经验方程,并在适应实际监测的基础上进行了适当调整,最后再对区域性总氮阈值进行一一计算。调整后的经验方程如下:

$$\lg Chla = (\beta_1 \times \lg X_0 + \beta_0 + \lambda \times s^2) \pm t_{n-p, \alpha/2} \times s$$

$$\times \left\{ 1 + \frac{1}{n} + \frac{(\lg X_0 - \overline{\lg X})^2}{\sum (\lg X_t - \overline{\lg X})^2} + \frac{2 \times \lambda^2 \times s^2}{n - p} \right\}^{1/2}$$

式中，β_0、β_1 为线性回归参数；n 为点位数；p 为参数数量；λ 为常量，取 0.5；s 为均方根误差，s^2 为均方差；α 为置信度；X 对应总氮系列监测数据；X_0 为设定的总氮阈值。该方程前部分表征叶绿素 a 和总磷之间的线性回归关系，后部分是在适应实际监测的基础上对方程进行了适当调整。代入设定好的叶绿素 a 限制值（SChla 5 μg/L、BChla 100 mg/m^2），即可计算出总氮生态阈值。

7.6　适用范围及注意事项

该方法适用于受到一定氮磷污染程度的富营养化河流，并且该方法在平原水系河流适用性更好。如条件允许，可分季度以及水系类型进行采样，分别制定出不同类型河流在不同季节的具体阈值标准，以更好地对河流富营养化进行管理和控制。也可以选取一个调查区域的多条不同水系类型、不同污染程度的典型河流进行面上采样，扩大氮磷及叶绿素浓度范围，制定出一个适用于整个调查区域的氮磷阈值范围，以此对整个调查区域河流富营养化程度进行管理和控制。

采样过程中要注意布点的合理性、采样的规范性，实验测定过程中要注意实验方法的科学性、操作的严谨性，以此减少前期采样及分析测定工作对最后阈值计算结果的误差影响。阈值计算中要注意建立适用于实际调查区域的数学模型，具体计算时可以用代入法进行计算，根据经验值代入较为合理的氮磷数值到方程中进行核算，再根据核算结果对氮磷阈值进行调整，以避免在方程转化过程中出现较大的错误，也减少了计算的繁琐性。

7.7　示　范　实　例

2013 年 5～11 月份于西苕溪完成一个藻类暴发周期的采样工作，并进行了水质、底泥的相关指标和叶绿素的实验测定，分析了西苕溪水体叶绿素的时空变化规律及其与营养盐和非营养盐因子间的关系，以此划分藻类暴发阶段，并在此基础上进行了山区水系和平原水系氮磷等营养盐各季节的生态学阈值的计算。

7.7.1　研究方法

1）采样地点：西苕溪

西苕溪是太湖上游的重要支流，位于浙江省湖州市境内，发源于安吉县永和乡的狮子山,下游是长兴平原,自西南向东北流向太湖,是湖州市及其沿河居民的主要饮用水源。多年平均降水量为 1385.9 mm。流域地势西南高、东北低,依次呈山地、丘陵、平原的梯度分布,但以低缓丘陵为主。干流总长 157 km,流域面积约 2274 km²,多年平均流量 52 m³/s,为浙江省北部重要的通航河流。湖州市位于流域的下游,宁杭公路穿越市区,流域内现有人口 66.8×10⁴ 人。下游水系呈网状分布,直通太湖平原洼地,是太湖上游重要的来水支流。溪流上游植被保存完好,无大的污染源。近年来,随着农业面源污染的加重,以及部分工业废水和生活污水未经处理直排入河,有机污染增多,中下游河流水质有进一步恶化的趋势。

2) 采样时间及方法

采样时间为 2013 年 5、7、9、11 月(5~11 月基本涵盖一个藻类暴发周期),于西苕溪-长兴河段采集河道水样和底泥样,沿西苕溪设置 30 个点位(其中 13 个为山区水系河流点位,17 个为平原水系河流点位),4 个月共采集 123 组样品。采样点位置采用 GPS 仪标记,记录各点位经纬度及采样点周边情况(采样点位如图 7-1 所示)。

图 7-1　西苕溪流域采样点位图

水样用有机玻璃水质采样器采集,分为两份,一份置于 300 mL 高密度聚乙烯塑料瓶中,滴加稀硫酸抑制微生物活动,送回实验室进一步分析测定水样的总氮、总磷等营养盐指标;另一份置于 500 mL 高密度聚乙烯塑料瓶中,滴加 1% 碳酸镁悬浊液防止叶绿素的色素化,送回实验室检测叶绿素指标。实验室检测过程中,先对水样进行浓缩,用 90% 丙酮提取叶绿素 a,再通过分光光度法检测悬浮叶绿素 a 的浓度(μg/L)(Lorenzen,1967;Morgan et al.,2006)。

河流上层底泥使用柱状底泥采样器采集,取柱状容器上层底泥 2 cm 左右,用塑封袋封装,通过移动冰箱送回实验室进行冷冻干燥,研磨后提取底栖叶绿素 a,再用分光光度法检测,根据测得的浓度以及柱状容器的内表面积,得出底栖叶绿素 a 含量(mg/m^2)(Garrigue,1998;Magni et al.,2006)。

同时,使用 U52 便携式多参数测试仪现场测定水温、pH、溶解氧、氧化还原电位、浊度、电导率等指标。水样低温保存于实验室,按国标方法测定 TN、TP、NH_4^+-N、NO_3^--N、$PO_4^{3-}-P$、COD、TOC 和悬浮叶绿素 a。底泥测定 TP、NH_4^+-N、NO_3^--N、含水率及底栖叶绿素 a。

3) 数据统计分析

数据统计、相关分析以及表征变量之间变化趋势的线性回归方程通过 Origin、SPSS、Matlab 软件进行分析计算,叶绿素与各因子间的多重响应关系利用 SOM(self-organized mapping analysis,自组织映射)进行聚类分析。

4) 阈值计算

利用基于经验的阈值计算方法标定一些可以用来保护水生态环境的营养盐指标,选取 5 μg/L(悬浮叶绿素 a)和 100 mg/m^2(底栖叶绿素 a)作为研究区域的叶绿素 a 限制值。

通过叶绿素 a 和氮磷之间的线性方程,对照设定好的限制值,利用实测分析所得且经过校正的经验方程,并在适应实际监测的基础上进行了适当调整,最后再对区域性总氮阈值进行一一计算。

7.7.2　水体富营养化及其叶绿素 a 评价

西苕溪流域监测点位整体水质状况见表 7-1,具体分为上游山地丘陵水系和下游平原水系,取 4 个采样时间平均数据进行汇总。结果显示,西苕溪 TN 浓度较高,山区和平原水系平均值分别为 2.16 mg/L 和 2.60 mg/L,75% 的点位超过了美国 EPA 提供的氮标准阈值(1.5 mg/L)(Buck et al.,2000)。平原水系 TP 平均浓度为 0.24 mg/L,为国家地表水Ⅳ类水标准。相关研究表明,氮磷的比值与藻类的生长有更直接的关系,当 N/P>7.2 时,磷就会成为浮游植物生长的潜在限制因子(Parinet et al.,2004),该研究区水体中的氮磷比平均值为 17.9(N/P>7.2),因而磷可能是西苕溪流域浮游植物生长潜在的限制性营养盐。且该氮磷比在藻类生长氮磷比的最佳范围内(N/P 比为 10~25)(Smith,1983;牛晓君,2006),水体易发生蓝藻水华。西苕溪流域水质偏弱碱性,而在碱性环境下有利于藻类进行光合作用,有助于藻类捕获大气中的 CO_2,从而能够获得更高的生产力(You et al.,2007)。根据国内学者刘培桐对营养状况划分标准:叶绿素 a 的浓度在 4.1~10 μg/L 为富营养(金相灿等,1990),西苕溪水体叶绿素 a 的平均浓度达 6.23 μg/L,指示西苕溪流域水体存在富营养化状态的趋势。

表 7-1　西苕溪流域监测点位整体水质状况(四个采样时间平均)

调查区域	水温/℃	pH	溶解氧/(mg/L)	COD/(mg/L)	浊度/NTU	氨氮/(mg/L)
山区(n=52)	25.87	7.31	6.80	20.62	160.94	0.94
平原(n=68)	25.82	8.08	7.14	39.2	321.45	1.74

调查区域	总氮/(mg/L)	总磷/(mg/L)	底泥总磷/(g/kg)	悬浮叶绿素/(µg/L)	底栖叶绿素/(mg/m)	底泥含水率
山区(n=52)	2.16	0.13	0.56	3.77	93.77	0.39
平原(n=68)	2.60	0.24	0.63	8.29	86.97	0.41

　　总体来看,下游平原水系的氮磷及叶绿素含量要大于上游山区水系,这主要是由于不同地区环境条件、水文水质条件、污染源方式不同而导致的。山区水系污染源主要来自周边农田面源污染,河流流量流速较大,河流冲刷稀释作用明显,氮磷污染物浓度相对较低,藻类生长相对缓慢,叶绿素含量较低。平原水系点位主要位于湖州、长兴城区,除受周边农田面源污染外,还有来自周围工厂的点源污染,城镇生活污水、污水厂排水等导致入湖口水域氮磷等营养盐含量较高,藻类易于生长,叶绿素含量也明显高于山区水系点位。

7.7.3　西苕溪水系营养盐及叶绿素 a 含量时空变化规律

　　TN、TP 和 SChla 的质量浓度存在明显的季节性变化[图 7-2(a)、(b)、(c)]。在夏、秋季时,SChla 含量总体呈上升趋势,9 月达到最大值,最大为 52.2 µg/L;在冬季时,SChla 含量显著减少。SChla 浓度直接取决于水体中浮游植物的生物量,而水温、光照和营养盐浓度是影响水体中浮游植物生长的主要环境因子,SChla 浓度的季节分布是浮游植物对这些因子季节变化的响应(王伟等,2009)。在冬季低温且光照不足的环境中,藻类生物量较低,多呈休眠状态;而在春末夏初之时,水温升高,风浪扰动频繁,底泥中的营养盐和底泥表面的藻类休眠体开始上浮进入水体。而 2013 年 7 月份夏季 SChla 浓度没有伴随气温的升高而升高,推测原因可能有两个:一是根据水文站降雨数据显示,2013 年 7~8 月西苕溪流域降雨量较其他月份显著降低,使得流域内氮磷随降雨流失的量大为减少,且水华暴发消耗掉大量营养物质和溶解氧,限制了浮游植物的生长,导致藻类生物量出现短暂下降;二是由于 7 月份温度过高,在一定程度上抑制了藻类生长(赵颖,2006;Adenan et al.,2013),从而使得 7 月叶绿素 a 浓度较低,水华情况得到暂时缓解。同时,TN、TP 的季节变化规律与 SChla 基本一致,其对应关系较好。而 BChla 在不同季节浓度变化较小,未出现明显的变化趋势[图 7-2(d)],平均浓度约为 90 mg/m²,低于限制浓度 100 mg/m²,说明底泥表层藻类含量较少,底泥表层藻类生长主要受光照条件(水体浊度)以及底泥含水率影响,对与季节变化相关的环境因子响应关系并不显著。

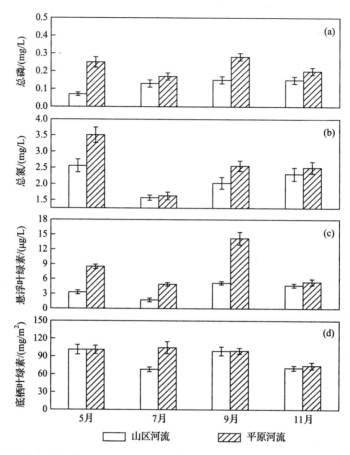

图 7-2　西苕溪水系总磷(a)、总氮(b)、悬浮叶绿素 a(c)、底栖叶绿素(d)含量的时空变化

7.7.4　叶绿素 a 含量与氮磷营养盐及非营养因子的关系

　　叶绿素 a 与 TN 及非营养因子的关系利用 SOM 进行聚类分析。聚类分析是在分析叶绿素 a 与总氮及环境因子相关系数的基础上,对水体中众多环境参数间的多重响应关系进行半定量的直观表示,判断关系较为紧密的水质参数,从而获得影响藻类生长繁殖的主要因素。各个水质参数在 SOM 上位置、距离与颜色分布模式显示参数间半定量关系。根据显示的颜色变化,将参数根据其相关性进行分组,同一组内参数的 SOM 图具有一定的相似性,即从右下至左上相应的神经元颜色变化趋势正向或反向类似,相应的监测点参数值也发生变化,表明它们之间存在一定的相关性(Polanco et al.,2001;Zhang et al.,2008;Tsakovski et al.,2010)。

　　分别对山区和平原水系以及整个流域叶绿素、总氮、总磷、底泥总磷及非营养因子进行相关性分析(表 7-2～表 7-5)和 SOM 聚类分析(图 7-3～图 7-6),根据可视化分布图,山区水系 SChla 与 TN、TP、DO、COD 分为一组,BChla 与 TN、底泥 TP 和水体浊度分为一组,平原水系 SChla 与 TN、TP、底泥 TP、pH、水体浊度分为一组,BChla 与 TN、TP、底泥 TP 和水体浊度分为一组。进一步分不同采样季节对叶绿素与 TN、TP 及非营养因子的关系进行相关性分析,结果显示,SChla 与 TN、TP 在各季节基本均呈现显著正相关关系,除 7 月份外其他均为极显著正相关关系($p<0.01$),且平原水系相关性更好。BChla 与 TN、TP 也呈现出正相关关系,但相关性稍弱于 SChla,说明两类叶绿素中,悬浮叶绿素 a 与总氮的关系更为直接,这是由于悬浮藻类的最直接最主要的营养来源就是水体中的氮磷,底栖藻类不仅吸收水体中的营养盐还吸收底泥表层的营养盐。因而,确定河流水体氮磷生物学阈值的方法用悬浮叶绿素比底栖叶绿素更为合适。

表 7-2　悬浮叶绿素与 TN 及环境因子的相关系数

	TN	TP	水温	pH	溶解氧	浊度	COD	氨氮
				山区				
5 月	0.774**	0.554*	0.108	0.727**	0.191	−0.041	0.309	−0.095
7 月	0.597*	0.739**	−0.154	−0.105	0.252	−0.220	0.133	−0.016
9 月	0.581**	0.653*	0.25	0.306	0.01	−0.377	0.005	−0.05
11 月	0.864**	0.478*	0.718**	0.316	0.592*	−0.444	0.773**	0.315
总体	0.546**	0.512**	0.206	0.359*	0.397**	−0.222	0.366*	0.109
				平原				
5 月	0.916**	0.594*	0.541*	0.772**	0.505*	−0.394	0.714**	0.624**
7 月	0.767*	0.959**	0.045	0.343	0.406	−0.543*	−0.189	0.285
9 月	0.705**	0.657**	0.707**	0.435	0.086	−0.435	0.964**	0.611**
11 月	0.620**	0.624**	0.225	0.181	0.844**	−0.708**	0.575*	0.702**
总体	0.556**	0.561**	0.172	0.569**	0.237	−0.342**	0.336**	0.510**

注：** 表示在 0.01 水平上显著相关；* 表示在 0.05 水平上显著相关

表 7-3　底栖叶绿素与 TN 及环境因子的相关系数

	TN	TP	水温	pH	溶解氧	浊度	COD	氨氮
				山区				
5 月	0.386	0.538*	0.713**	0.344	0.281	−0.529	−0.042	0.133
7 月	0.500*	0.325	0.382	0.170	−0.085	−0.523	0.316	−0.076
9 月	0.345	0.672**	−0.502	0.205	0.163	−0.186	−0.083	0.09
11 月	0.517*	0.443	0.446	0.042	0.171	−0.328	0.348	0.062
总体	0.392**	0.309*	−0.117	−0.036	0.111	−0.355**	0.227	0.045

续表

	TN	TP	水温	pH	溶解氧	浊度	COD	氨氮
				平原				
5 月	0.252	0.467	0.377	0.012	−0.228	−0.257	−0.003	0.179
7 月	0.475*	0.561*	0.697**	0.277	0.234	−0.240	−0.09	0.318
9 月	0.542	0.405	0.511*	−0.087	−0.520*	−0.153	0.341	0.770**
11 月	0.663**	0.449	0.075	0.404	0.368	−0.289	0.463	0.516*
总体	0.433**	0.419**	−0.015	−0.024	−0.223	−0.149*	0.122	0.449**

注：** 表示在 0.01 水平上显著相关；* 表示在 0.05 水平上显著相关

表 7-4　底泥 TP 与叶绿素及环境因子的相关系数

	悬浮叶绿素 a	底栖叶绿素 a	TP	水温	pH	溶解氧	浊度	底泥含水率
				山区				
5 月	0.254	0.537*	0.429	0.137	0.419	0.163	−0.353	0.677**
7 月	0.654*	0.726**	0.663**	0.272	−0.043	0.041	−0.598*	0.697**
9 月	0.525	0.884**	0.593*	−0.104	−0.475	−0.691**	−0.304	0.596*
11 月	0.474	0.864**	0.426	0.420	0.134	0.282	−0.196	0.718**
总体	0.346**	0.681**	0.463**	0.01	0.048	−0.043	−0.344**	0.650**
				平原				
5 月	0.442	0.717**	0.352	0.340	−0.048	−0.241	−0.144	0.673**
7 月	0.437	0.610*	0.403	0.167	0.242	0.300	−0.359	0.522*
9 月	0.497*	0.703**	0.230	0.521*	0.116	−0.142	−0.297	0.620
11 月	0.348	0.666**	0.321	−0.132	0.600**	0.328	−0.296	0.676**
总体	0.112	0.563**	0.184	0.032	0.007	0.006	−0.251*	0.240*

注：** 表示在 0.01 水平上显著相关；* 表示在 0.05 水平上显著相关

表 7-5　西苕溪流域整体悬浮叶绿素和底栖叶绿素与营养盐和非营养盐指标相关系数

统计指标	TN	TP	NH_4^+-N	COD	TOC	B_TP	B_NH_4^+-N
悬浮叶绿素 a	0.536**	0.453**	0.523**	0.439**	0.294**	−0.012	0.135
底栖叶绿素 a	0.392**	0.106	0.306**	0.128	−0.024	0.340**	0.539**

统计指标	DO	pH	电导率	ORP	TDS	浊度	
悬浮叶绿素 a	0.225*	0.251**	0.488**	−0.358**	0.502**	−0.115	
底栖叶绿素 a	−0.138	0.04	−0.06	0.012	−0.056	−0.241**	

注：** 表示在 0.01 水平上显著相关；* 表示在 0.05 水平上显著相关

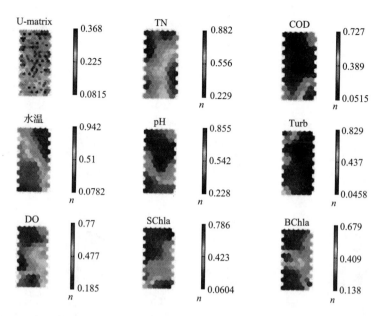

图 7-3　山区水系悬浮和底栖叶绿素 a 与 TN 及 COD、水温、pH、浊度、溶解氧等
环境因子的 SOM 可视化分布

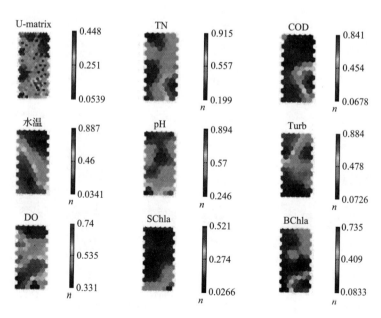

图 7-4　平原水系悬浮和底栖叶绿素 a 与 TN 及 COD、水温、pH、浊度(Turb)、溶解氧等
环境因子的 SOM 可视化分布

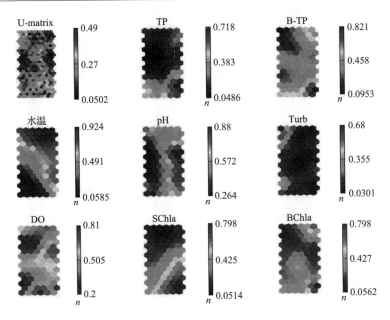

图 7-5　山区水系悬浮和底栖叶绿素 a 与 TP 及 COD、水温、pH、浊度、溶解氧等
环境因子的 SOM 可视化分布

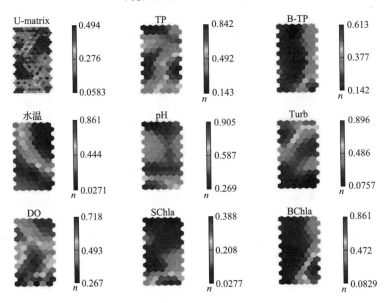

图 7-6　平原水系悬浮和底栖叶绿素 a 与 TP 及 COD、水温、pH、浊度、溶解氧等
环境因子的 SOM 可视化分布

　　平原水系叶绿素还与水体中的氨氮呈现极显著相关关系,SChla 和 BChla 与
氨氮相关系数分别为 0.510 和 0.449,浮游植物需要摄取水中的 NH_4^+-N、NO_2^--N

和 NO_3^--N,通过光合作用合成细胞所需要的氨基酸等物质。虽然大多数浮游植物都能够吸收利用这 3 种氮源,但通常倾向于吸收 NH_4^+-N(刘建康,1999)。由于平原水系水体受到周围 NH_4^+-N 污染的影响比山区水系严重得多,使得平原水系 NH_4^+-N 含量随着浮游植物的增加而呈现较明显增加的趋势。因而在污染较为严重的平原区水系,可以考虑通过计算氨氮的阈值来对流域富营养化程度进行控制和管理。

对各季节底泥中的总磷和叶绿素作相关性分析(表 7-4),在山区水系,底泥中的 TP 与 SChla、BChla 和水体中的 TP 均呈现极显著正相关性;在平原水系,底泥中的 TP 也与 BChla 呈极显著正相关性。底栖藻类生长的营养物质主要来自于底泥中的营养盐,因而底泥中 TP 与底栖叶绿素含量密切相关。另外,山区水系底泥 TP 与水体 TP 和 SChla 相关性显著,说明底泥 TP 含量高的地域,水体中的 TP 含量相对较高,主要原因是受风力等外界因素的干扰,导致底泥营养物质向上层水体释放。山区水系水体 TP 的浓度随着底泥中 TP 含量的升高而升高,使藻类繁殖速度加快,生物量升高,藻类叶绿素 a 的含量也升高。同时上覆水体中的营养物质和叶绿素可以随着水体转移、渗入到底泥沉积物中并被保存,山区水系底栖叶绿素 a 含量与沉积物含水率之间的极显著正相关性($R=0.519$, $p<0.01$),也进一步表明了沉积物中的营养物质和叶绿素含量的变化应该与上覆水体叶绿素转移、渗入到沉积物并被保存的底泥沉积过程密切相关。平原水系由于受到的污染源较为复杂,除了周围农田、居民生活污水的面源污染,还存在来自城镇工厂的点源污染,外源性磷污染较山区水系严重,因此其底泥中的 TP 与水体中 TP 和 SChla 相关关系显著性较差。

7.7.5　水体理化因子对叶绿素以及底泥磷释放的影响

叶绿素 a 浓度在一定程度上反映了水体中浮游植物的生长状况,而浮游植物的生长又受到多种环境因子的影响和制约。由水体叶绿素 a 浓度和环境因子之间在不同季节的 Pearson 相关系数及其显著性分析结果(表 7-2)可知,西苕溪流域水体叶绿素 a 与环境因子关系比较复杂。山区水系 SChla 在 5 月份与 pH 呈正相关,11 月份与水温、溶解氧、COD 呈正相关,总体与 pH、溶解氧、COD 呈显著正相关。平原水系 SChla 在 5 月份与水温、pH、溶解氧、COD 呈显著正相关,7 月份与浊度呈显著负相关,9 月份与水温、COD 呈显著正相关,11 月份与溶解氧、COD 呈正相关,与浊度呈显著负相关,总体与 pH、COD 呈现显著正相关,与浊度呈现显著负相关。SChla 与 pH、溶解氧、COD 为显著正相关关系,主要是由于浮游植物的快速增长导致光合作用加强,光合作用吸收水中的 CO_2 导致 CO_2 消耗量上升,从而使水体的 pH 升高,释放氧分子使水体中 DO 浓度增加,同时产生大量的有机物使水体 COD 含量明显增高(杨晓珊等,1998;Zang et al.,2011)。光合作用是活体藻类基本生命活动,而水体的浊度对这一行为有着直接的影响。浊度低的水体光的透射性好,有利于藻类的生长(Figueroa-Nieves et al.,2006;Morgan et al.,

2006),因而水体 SChla 与浊度之间呈现显著负相关关系。西苕溪流域水体叶绿素 a 浓度与水温相关性总体上不显著,具体表现为 SChla 在 7 月份与水温相关性较差,主要是由于 7 月份夏季采样温度过高(水温基本上都在 31℃ 以上),一定程度上对藻类生长造成影响。因而导致整体上 SChla 与水温相关性不显著。BChla 表征底泥表面藻类含量,底泥藻类生长主要受水体透光性影响,因而 BChla 仅与水体浊度呈显著负相关关系,与其他非营养盐因子相关性均不显著。

　　研究表明,水体的温度、pH、溶解氧、浊度以及水体水文的环境状况,对底泥中总磷的含量也产生着一定影响(Jensen et al. ,1992;Liikanen et al. ,2002)。从本研究底泥总磷浓度和环境因子之间在不同季节的 Pearson 相关系数及其显著性分析结果(表 7-4)可知,除 9 月份平原水系,其他季节底泥总磷含量与水体温度均未呈现显著相关关系,一方面,水体温度升高能够促进藻类活性,加快营养盐的迁移转化过程,为藻类生长提供推动力,有利于水体和底栖营养盐及叶绿素的增殖。另一方面,温度升高有利于提高底泥中微生物的活性,促进其对有机磷化合物的矿化和降解过程,减少沉积物中矿物对磷的吸附,因而沉积物对磷的释放也会随温度的升高而增强(Jensen et al. ,1992;Gonsiorczyk et al. ,1997;Gomez et al. ,1998)。这两方面的原因,使得水体温度对底泥总磷的影响呈现一定的复杂性,其相关性并不显著。水体 pH 和溶解氧含量总体上也未与底泥中 TP 含量呈现显著相关性,相关研究表明,沉积物的磷释放量随 pH 升高而呈"U"形变化,即在中性范围,底泥磷释放量最小;在酸性或碱性条件下,磷的释放速率随 pH 的降低或升高而增加(Lijklema,1977;De et al. ,1993;王晓蓉等,1996)。同时,水体 pH 对底泥磷释放的影响也受到溶氧条件的限制。从表 7-4 还可以看出,水体浊度与底泥 TP 含量基本上呈显著负相关关系,其中山区水系呈现极显著负相关关系,浊度对底泥 TP 影响主要是通过水体扰动体现的。从动力学角度来看,风浪扰动、船只航行的搅动等人类活动、河水流动等都能极大促进底泥间隙水的释放和扩散(孙亚敏等,2000),扰动引起水体浑浊,同时一定程度上促进底泥磷的释放(Ekholm et al. ,1997),导致底泥中 TP 含量与水体浊度呈现较显著负相关关系。

7.7.6　西苕溪流域氮磷生态阈值

　　对山区和平原水系各季节总氮、总磷和悬浮叶绿素 a 数据进行线性拟合(图 7-7 至图 7-8),并获得线性回归方程,根据国际公认的两种叶绿素 a 限制值以及线性回归方程,可以得出不同水系在不同采样季节的氮磷生态学阈值(表 7-6 至表 7-7)。本研究以存在显著性相关关系为阈值计算前提,以选取最小限制值为原则,最终确定山区和平原水系 5、7、9、11 月份的 TN 阈值分别为 2.14 mg/L、0.72 mg/L、1.33 mg/L、1.39 mg/L 和 2.15 mg/L、0.87 mg/L、1.76 mg/L、1.44 mg/L;TP 阈值分别为 0.27 mg/L、0.13 mg/L、0.20 mg/L、0.15 mg/L 和 0.36 mg/L、0.17 mg/L、0.26 mg/L、0.23 mg/L。

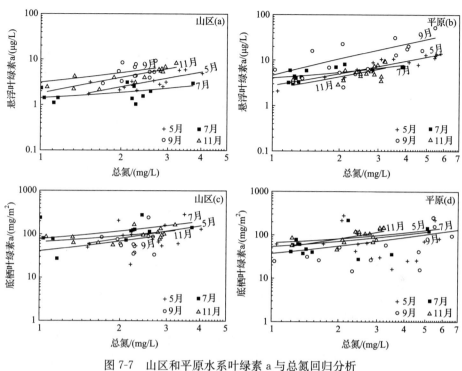

图 7-7　山区和平原水系叶绿素 a 与总氮回归分析

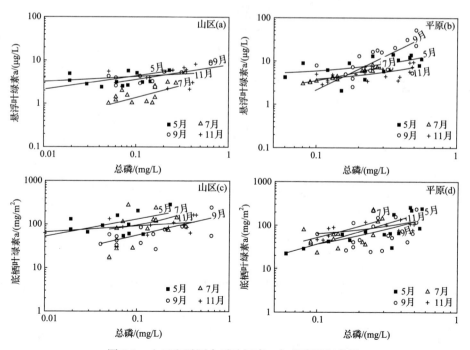

图 7-8　山区和平原水系叶绿素 a 与总磷回归分析

表 7-6 叶绿素和总氮回归方程及总氮阈值

	回归方程		阈值/(mg/L)
	基于悬浮叶绿素(SChla)	基于悬浮叶绿素(BChla)	
	山区		
5 月	$\lg SChla = 0.949 \lg TN + 0.1154$ $R^2 = 0.553, p < 0.01$	$\lg BChla = 0.8602 \lg TN + 1.5764$ $R^2 = 0.1366, p = 0.193$	2.14
7 月	$\lg SChla = 0.2079 \lg TN + 0.1837$ $R^2 = 0.242, p < 0.05$	$\lg BChla = 0.5865 \lg TN + 1.8043$ $R^2 = 0.3132, p < 0.05$	0.72
9 月	$\lg SChla = 0.5662 \lg TN + 0.5226$ $R^2 = 0.4417, p < 0.01$	$\lg BChla = 0.4839 \lg TN + 1.6421$ $R^2 = 0.1943, p = 0.115$	1.33
11 月	$\lg SChla = 0.9906 \lg TN + 0.3008$ $R^2 = 0.694, p < 0.01$	$\lg BChla = 0.4792 \lg TN + 1.8093$ $R^2 = 0.2708, p < 0.05$	1.39
	平原		
5 月	$\lg SChla = 1.0442 \lg TN + 0.3529$ $R^2 = 0.884, p < 0.01$	$\lg BChla = 0.218 \lg TN + 1.7419$ $R^2 = 0.0132, p = 0.461$	2.15
7 月	$\lg SChla = 0.4993 \lg TN + 0.5758$ $R^2 = 0.4549, p < 0.05$	$\lg BChla = 0.595 \lg TN + 1.6441$ $R^2 = 0.2711, p < 0.05$	0.87
9 月	$\lg SChla = 0.6698 \lg TN + 0.7964$ $R^2 = 0.3057, p < 0.01$	$\lg BChla = 0.4783 \lg TN + 1.5733$ $R^2 = 0.1453, p = 0.131$	1.76
11 月	$\lg SChla = 0.7335 \lg TN + 0.4215$ $R^2 = 0.3717, p < 0.01$	$\lg BChla = 0.7187 \lg TN + 1.6969$ $R^2 = 0.3721, p < 0.01$	1.44

表 7-7 叶绿素和总磷回归方程及总磷阈值

	回归方程		阈值/(mg/L)
	基于悬浮叶绿素(SChla)	基于悬浮叶绿素(BChla)	
	山区		
5 月	$\lg SChla = 0.211 \lg TP + 0.792$ $R^2 = 0.318, p < 0.05$	$\lg BChla = 0.301 \lg TP + 2.367$ $R^2 = 0.286, p < 0.05$	0.27
7 月	$\lg SChla = 0.512 \lg TP + 0.747$ $R^2 = 0.575, p < 0.01$	$\lg BChla = 0.829 \lg TP + 2.735$ $R^2 = 0.327, p = 0.256$	0.13
9 月	$\lg SChla = 0.364 \lg TP + 0.929$ $R^2 = 0.560, p < 0.05$	$\lg BChla = 0.384 \lg TP + 2.100$ $R^2 = 0.399, p < 0.01$	0.20
11 月	$\lg SChla = 0.322 \lg TP + 0.945$ $R^2 = 0.472, p < 0.05$	$\lg BChla = 0.111 \lg TP + 2.057$ $R^2 = 0.124, p = 0.112$	0.15

	回归方程		阈值/(mg/L)
	基于悬浮叶绿素(SChla)	基于悬浮叶绿素(BChla)	
	平原		
5 月	lgSChla = 0.356 lgTP + 1.156 $R^2 = 0.472, p < 0.05$	lgBChla = 0.459 lgTP + 2.190 $R^2 = 0.156, p = 0.059$	0.36
7 月	lgSChla = 0.726 lgTP + 1.263 $R^2 = 0.945, p < 0.01$	lgBChla = 0.922 lgTP + 2.534 $R^2 = 0.350, p < 0.05$	0.17
9 月	lgSChla = 1.330 lgTP + 1.75 $R^2 = 0.407, p < 0.01$	lgBChla = 0.435 lgTP + 1.981 $R^2 = 0.057, p = 0.107$	0.26
11 月	lgSChla = 0.426 lgTP + 0.959 $R^2 = 0.399, p < 0.01$	lgBChla = 0.285 lgTP + 2.152 $R^2 = 0.216, p = 0.070$	0.23

　　总体而言,平原水系氮磷阈值要比山区水系高,这是由于平原水系水质状况要比山区水系差,氮磷污染情况要比山区水系更为严重,且山区水系河流流量流速较大,对藻类生长有着一定程度的抑制作用,因而平原水系计算出的阈值标准也相应比山区水系高。对比阈值计算结果和水质基本指标变化趋势可知,阈值变化趋势基本与水体中氮磷以及 SChla、BChla 变化趋势一致,同时还受叶绿素 a 与氮磷的线性关系、氮磷的整体水平极其差异等因素影响,叶绿素与氮磷的相关关系显著性水平也会影响到具体的阈值计算结果。通过阈值计算分析结果,本研究认为,分季节和水系类型对流域氮磷污染进行管理控制更有利于改善流域水质状况。

　　与国外其他研究区域结果比较,本研究得到的氮磷阈值均偏大,这主要是由不同地区营养盐和叶绿素 a 的差异造成的,而导致营养盐和叶绿素 a 差异的原因有多种,包括环境条件的不同,地理地形带来的流速流量等水文动力学上的变化机制以及周边污染源和排放方式、排放量的直接和间接影响。在本研究中,体现出来的主要因素为不同环境条件下的水质参数,调查监测时间多为藻类暴发期,氮、磷的整体水平较高,除水质参数外,还可能与周边地区污染直接排放、排放量较大有关。对照国家《地表水环境质量标准(GB 3838—2002)》,本研究确定的 TP 阈值基本为国家Ⅳ类水标准,控制河道氮磷含量在此标准范围内,有利于控制水体藻类大面积暴发而引发水体富营养化。该阈值标准对区域类似面源污染河流有一定的借鉴意义。

附表　各章文献统计情况

附表 1　文献报道的稻田氮素流失情况

编号	所在地	年份	轮作情况	土壤类型	施肥量/ (kg N/hm²)	施肥量/ (kg P/hm²)	N 流失量/ (kg N/hm²)	P 流失量/ (kg P/hm²)	引用文献
1	无锡，太湖	2000	稻麦轮作	渗水型水稻土	N	0	N	0.15	(Cao et al.，2004)
					N	30	N	0.22	
					N	150	N	0.395	
					N	300	N	0.67	
	无锡，太湖	2001			N	0	N	0.298	
					N	30	N	0.44	
					N	150	N	1.828	
					N	300	N	3.744	
2	常熟，太湖	2000	稻麦轮作	囊水型水稻土	N	0	N	0.102	(Cao et al.，2004)
					N	30	N	0.14	
					N	150	N	0.21	
					N	300	N	0.27	

续表

编号	所在地	年份	轮作情况	土壤类型	施肥量/(kg N/hm²)	施肥量/(kg P/hm²)	N流失量/(kg N/hm²)	P流失量/(kg P/hm²)	引用文献
2	常熟，太湖	2001	稻麦轮作	漫水型水稻土	N	0	N	0.128	(Cao et al., 2004)
					N	30	N	0.165	
					N	150	N	0.359	
					N	300	N	0.589	
3	韩国全北	1997~1998	单季稻	砂壤土	217	27	109.9	3.5	(Cho, 2003)
4	日本琵琶湖	N	N	N	N	N	45.7	8.72	(Cho et al., 2002)
5	韩国	N	N	N	N	N	15	0.59	(Kim et al., 2006)
6	韩国	1999~2000	单季稻	砂壤土	173	62	57.79	2.33	(Cho et al., 2001)
7	Chonbuk，韩国	1997~1998	单季稻	砂壤土	210	52	129	4.2	(Cho et al., 2002)
8	韩国忠北	1999	单季稻	砂壤土	164.5	21.4	72.4	1.7	(Chung et al., 2003)
9	江苏白湖	2001	稻麦轮作	白土	267.5	19.6	19.4	1.16	(Guo et al., 2004)
10	中国蓄州	2010	双季稻	黄泥田	0	0	14	0.244	(Huang et al., 2013)
					136.5	67.5	38.6	0.559	
					120	26.2	32.4	0.402	
					180	26.2	42.9	0.341	
					120	39.3	31.7	0.326	
					120	26.2	27.1	0.352	
11	韩国忠北*	1998~2002 平均	单季稻	砂壤土	172	22	12.2	1.28	(Kim et al., 2006)

续表

编号	所在地	年份	轮作情况	土壤类型	施肥量/ (kg N/hm²)	施肥量/ (kg P/hm²)	N流失量/ (kg N/hm²)	P流失量/ (kg P/hm²)	引用文献
12	中国江西	2003~2005 平均	N	青紫泥田 (黏壤土)	90	N	5.05	N	(Liang et al., 2007)
			N		180	N	11	N	
			N		270	N	11.78	N	
			N		360	N	27.86	N	
13	中国江西	2010	稻油轮作	黏壤土	200	19.6	18	N	(Liang et al., 2013)
							13.8	N	
							10.9	N	
14	中国径山	2009	单季稻	粉砂壤土	240	24	16.8	N	(Liang et al., 2013)
							11.7	N	
							8.8	N	
		2010	单季稻	粉砂壤土	240	24	18.5	N	
							13.5	N	
							10.6	N	
15	中国昆山	2006~2008	N	黏土	351	19.6	7.26	0.45	(Peng et al., 2011)
			N				3.91	0.23	
16	中国宜兴	2008	稻麦轮作	烂青紫泥田 (壤质黏土)	0	81	7.3	N	(Qiao et al., 2012)
					135		8.9	N	
					189		10	N	
					216		12	N	
					243		13	N	
					270		15	N	
					405		21	N	

续表

编号	所在地	年份	轮作情况	土壤类型	施肥量/(kg N/hm²)	施肥量/(kg P/hm²)	N流失量/(kg N/hm²)	P流失量/(kg P/hm²)	引用文献
16	中国宜兴	2009	稻麦轮作	烂青紫泥田（壤质黏土）	0		12	N	(Qiao et al., 2012)
					135		26	N	
					189		31	N	
					216	81	47	N	
					243		37	N	
					270		57	N	
					405		65	N	
17	中国常熟	2002	稻麦轮作	烂青紫泥田	0	0	1.34	N	(Tian et al., 2007)
					180	39.2	1.91	N	
					255	39.2	1.02	N	
					255	13	1.56	N	
					255	78.6	1.22	N	
					330	39.2	2.57	N	
		2003			0	0	4.81	N	
					180	39.2	10.4	N	
					255	39.2	6.49	N	
					255	13	7.93	N	
					255	78.6	8.56	N	
					330	39.2	17.9	N	

续表

编号	所在地	年份	轮作情况	土壤类型	施肥量/(kg N/hm²)	施肥量/(kg P/hm²)	N流失量/(kg N/hm²)	P流失量/(kg P/hm²)	引用文献
18	中国昆山	2009	N	潴育型水稻土	324.6	N	16.9	N	(Yang et al., 2013)
					184.88	N	5.6	N	
					324.6	N	12.2	N	
					184.88	N	5.29	N	
		2010			302.7	N	4.92	N	
					198	N	3.26	N	
					302.7	N	4.21	N	
					198	N	2.49	N	
19	中国临沂	2007	N	壤土	0	150	4.4	N	(Yang et al., 2013)
					187.5	150	9.8	N	
					62.5	150	4.5	N	
					125	150	5	N	
					187.5	150	4.2	N	
					0	150	1.7	N	
					187.5	150	6.4	N	
					62.5	150	1.8	N	
					125	150	2.2	N	
					187.5	150	2.9	N	
20	Yojoo,韩国	2001	N	黏壤土	165	67.5	12.64	1.12	(Yoon et al., 2003)
					110	45	12.73	1.21	
					77	31.5	14.7	1.2	

续表

编号	所在地	年份	轮作情况	土壤类型	施肥量/(kg N/hm²)	施肥量/(kg P/hm²)	N流失量/(kg N/hm²)	P流失量/(kg P/hm²)	引用文献
21	Keumjimyun，韩国	1999	N	粉砂壤土	125	15.75	56.2	2.2	(Yoon et al.，2006)
		2000	N				60.9	1.48	
		2001	N				68.3	0.38	
		2002	N				53.4	1.64	
22	中国无锡	2009~2012	水稻油菜/水稻豆类轮作	潜育型水稻土	210	90	4.5	N	(Yu et al.，2014)
23	中国余杭	2001	N	青紫泥田	N	0	N	0.53	(Zhang et al.，2004)
					N	26	N	0.75	
					N	52	N	1.46	
					N	26	N	2.98	
24	中国太湖西北部	2007	稻麦轮作	潜育型水稻土	300	26	21.8	N	(Zhao et al.，2012)
		2008					2.65	N	
		2009					19.2	N	
25	天津	2011	N	黏土	232	64	4.77	2.08	(陈颖等，2011)
26	山东济宁	2011	N	N	495	210	38.16	7.44	(高兴豪等，2014)
27	湖北漳河灌区	2009	单季中稻	N	113.8	N	15.9	N	(高学睿等，2011)
28	江苏溧水	2009	稻麦轮作	黄棕壤	300	90	11.29	0.19	(郭智等，2010)
					300	90	9.77	0.14	
					240	72	9.31	0.13	
					300	90	7.92	0.17	

续表

编号	所在地	年份	轮作情况	土壤类型	施肥量/(kg N/hm²)	施肥量/(kg P/hm²)	N流失量/(kg N/hm²)	P流失量/(kg P/hm²)	引用文献
29	江苏溧水	2012	稻麦轮作	白浆土	270	67.5	4.71	0.154	(郭智等, 2013)
					270	67.5	4.9	0.128	
					270	67.5	4.73	0.154	
					270	67.5	4.45	0.213	
					270	67.5	4.77	3.125	
30	湖北漳河灌区	2009	稻麦/稻油轮作	N	180	40	9.44	N	(何军等, 2010)
31	上海青浦	2012	N	脱潜型水稻土	300	N	11.69	N	(姜萍等, 2013)
			N			N	5.61	N	
			N			N	7.22	N	
32	江苏吴江	2004	N	青紫泥田	195	32.7	40.6	0.95	(焦少俊等, 2007)
			N		0	0	20.4	0.67	
33	安徽合肥	2010	N	N	132	72	8.37	0.78	(李平等, 2013)
			N	N	132	72	5.16	0.48	
			N	N	105.6	57.6	3.35	0.28	
34	湖南岳阳	2009	双季稻	潮土	330	58.94	3.07	0.06	(李平等, 2013)
			双季稻		264	41.26	2.72	0.15	
			双季稻+黑麦草		264	41.26	3.32	0.09	
			双季稻+紫云英		231	41.26	2.54	0.09	
			双季稻+油菜		231	41.26	3.32	0.13	
			双季稻+黑麦草		231	41.26	4.86	0.17	

续表

编号	所在地	年份	轮作情况	土壤类型	施肥量/(kg N/hm²)	施肥量/(kg P/hm²)	N流失量/(kg N/hm²)	P流失量/(kg P/hm²)	引用文献
35	宁夏永宁	2008	N	粉质壤土	348.75	N	30.03	N	(李强坤等, 2011)
36	江苏无锡	2009~2010	稻麦轮作	黄泥土	270	67.5	18.74	0.07	(刘红江等, 2012)
					270	67.5	17.04	0.06	
					216	54	16.01	0.07	
					270	67.5	18.93	0.07	
					270	67.5	19.95	0.07	
37	湖南长沙	2005	双季稻	河沙泥	0	0	2.02	N	(鲁艳红等, 2008)
					150	32.7	8.56	N	
					150	32.7	6.25	N	
					105	32.7	5.96	N	
				紫潮泥	0	0	2.19	N	
					150	32.7	6.84	N	
					150	32.7	5.34	N	
					105	32.7	5.2	N	
38	上海青浦	2009	稻麦轮作	青紫泥田	0	0	N	0.86	(陆欣欣等, 2014)
					300	26.2	N	0.99	
					300	50.7	N	1.57	
					300	253.7	N	4.64	
39	湖南长沙	2007	双季稻	红黄泥	120	22.6	4.53	0.22	(石丽红等, 2010)
					240	45.2	5.27	0.25	
					330	78.6	6.20	0.29	
					360	88.4	6.73	0.29	

续表

编号	所在地	年份	轮作情况	土壤类型	施肥量/(kg N/hm²)	施肥量/(kg P/hm²)	N流失量/(kg N/hm²)	P流失量/(kg P/hm²)	引用文献
40	太湖流域	1987		侧渗型水稻土			20.3	0.59	（马立珊等，1997）
				爽水型水稻土			33.8	1	
				滞水型水稻土			41.1	1.1	
				漏水型水稻土			85.8	3.5	
		1988	稻麦轮作/稻麦棉轮作	囊水型水稻土	345	18	40.2	1.83	
				侧渗型水稻土			12.9	0.13	
				爽水型水稻土			8.1	0.17	
				滞水型水稻土			12.8	1.3	
				漏水型水稻土			23.1	0.88	
				囊水型水稻土			38.2	3.95	
41	江苏吴江	1987	N	N	N	N	39.6	N	（马立珊等，1997）
		1987	N	N	225	N	7.8	N	
		1988	N	N	N	N	38.1	N	
		1988	N	N	N	N	9.2	N	
42	江苏常州	2004	884	白土	245	24.5	51.12	1.38	（邵婉晨等，2009）
		2005	659.6				46.7	0.7	
		2006	621.6				35.2	0.93	
43	江苏常熟	2002	稻麦轮作	潜育型水稻土	100	N	2.5	N	（王小冶等，2004）
					150	N	3.9	N	
					150	N	12.3	N	
					300	N	18.8	N	

续表

编号	所在地	年份	轮作情况	土壤类型	施肥量/ (kg N/hm²)	施肥量/ (kg P/hm²)	N流失量/ (kg N/hm²)	P流失量/ (kg P/hm²)	引用文献
44	杭嘉湖平原	2005	稻麦/稻油轮作	N	290.87	187.5	35.26平均	N	(田平等，2006)
					412.5		9.99	N	
					330	150	4.63	N	
					330	150	6.32	N	
45	浙江余杭	2010	双季稻	潴育型水稻土	330	150	9.38	N	(吴俊等，2012)
					297	135	1.89	N	
					297	135	8.23	N	
					297	135	7.69	N	
					330	150	8.14	N	
46	江苏南京	N	N	砂壤土	300	0	3.93	0.125	(谢学俭等，2007)
					300	25	4.01	0.449	
					300	60	4.04	0.939	
					300	120	3.67	3.022	
					300	240	3.74	5.974	
47	江苏无锡	N	N	爽水型水稻土	200	30	N	0.627	(杨丽霞等，2010)
						75	N	0.795	
						150	N	1.02	
						300	N	1.5	
48	宁夏银川	2006	单季稻	砂壤土	244.5	38.6	28.6	6.8	(张学军等，2010)

编号	所在地	年份	轮作情况	土壤类型	施肥量/ (kg N/hm²)	施肥量/ (kg P/hm²)	N流失量/ (kg N/hm²)	P流失量/ (kg P/hm²)	引用文献
49	江苏无锡	2010	稻麦轮作	N	270	29.5	3.92	0.147	(郑建初等，2012)
				N	270	29.5	3.67	0.122	
				N	216	23.6	3.42	0.108	
				N	270	29.5	3.15	0.142	
50	江苏溧阳	2010	稻麦轮作	黄棕壤	300	26.2	11.09	0.78	(朱利群等，2012)
							8.5	0.63	
							6.78	0.5	
							8.87	0.4	
							6.44	0.51	
							4.82	0.39	

注：N 表示文中没有此信息；*表示文中没有直接说明数值，数据通过测量相关图件获得

附表 2　文献报道的畜禽养殖产排污情况

编号	地区	畜禽种类	产/排污	系数值[g/(头·天)]				引用文献
				COD	NH$_3$-N	TN	TP	
1	安徽淮南等	蛋鸡	产污	N	N	4.98*	2.84*	(李帆等,2012)
		肉鸡	产污	N	N	8.71*	3.45*	
		奶牛	产污	N	N	524.56*	388.68*	
		肉牛	产污	N	N	198.32*	158.36*	
		生猪	产污	N	N	39.31*	14.34*	
2	安徽居巢区	猪	产污	0.27	0.04	2.39*	N	(张震等,2009)
		羊	产污	0.29	N	1.89*	N	
		牛	产污	1.10	0.01	27.90*	N	
		家禽	产污	0.01	0.00	0.16*	N	
3	日本	保育猪	产污	N	N	27.36	9.62	(农文协,1995)
		育肥猪	产污	N	N	62.33	19.99	
		妊娠猪	产污	N	N	62.26	17.77	
4	美国	育肥猪	产污	590.00	N	36.50	5.35	(ASAE,2004)
5	中国	生猪	产污	130.70	N	22.70	8.50	(国家环境保护总局自然生态保护司,2002)
6	北京	保育猪	产污	252.80	N	18.30	2.50	(董红敏等,2011)
		育肥猪	产污	479.60	N	36.30	5.20	
		妊娠猪	产污	493.40	N	46.00	8.20	

续表

编号	地区	畜禽种类	产/排污	COD	NH₃-N	TN	TP	引用文献
				系数值[g/(头·天)]				
6	北京	保育猪	排污	44.90	N	14.10	1.00	
		育肥猪	排污	64.10	N	20.90	1.80	(董红敏等,2011)
		妊娠猪	排污	22.50	N	36.30	0.40	
7	重庆丰都	牛	产污	680.00*	68.90*	680.00*	68.90*	
		猪	产污	213.50*	18.13*	213.50*	15.79*	
		羊	产污	12.04*	2.08*	12.04*	2.08*	(孙健,2005)
		兔	产污	0.69*	0.12*	0.69*	0.56*	
		鸡	产污	5.40*	0.57*	5.40*	25.81*	
		鸭,鹅	产污	6.02*	0.10*	6.02*	0.10*	
8	福建	猪	产污	N	N	26.83*	13.46*	
		牛	产污	N	N	141.74*	36.67*	
		羊	产污	N	N	1.82*	13.26*	
		兔	产污	N	N	1.74*	0.36*	(吴飞龙等,2009)
		肉禽	产污	N	N	1.17*	0.94*	
		蛋禽	产污	N	N	2.19*	1.76*	
9	赣江流域	猪	产污	N	N	22.65*	8.54*	
		牛	产污	N	N	167.40*	27.60*	
		羊	产污	N	N	33.50*	8.72*	(温明芽等,2007)
		禽	产污	N	N	1.66*	0.93*	

续表

编号	地区	畜禽种类	产/排污	系数值[g/(头·天)]				引用文献
				COD	NH₃-N	TN	TP	
10	河南郑州	育成牛	产污	98.91	1.58	126.02	60.94	(史鹏飞,2009)
		乳母牛	产污	227.87	5.03	279.13	140.34	
11	北京	牛	排污	38.35*	2.67*	104.91*	105.35*	(杨增参,2005)
		育肥猪	产污	N	5.57	14.17	5.64	
12	浙江杭州	牛	产污	N	N	963.60*	328.80*	(王成贤等,2011)
		猪	产污	N	N	77.01*	33.14*	
		羊	产污	N	N	52.03*	28.83*	
		禽类	产污	N	N	2.81*	1.12*	
13	N	猪	产污	98.63*	4.93*	10.14*	1.53*	(陈海嫒等,2012)
		奶牛	产污	5838*	7.81*	289.86*	45.84*	
		肉牛	产污	4882*	6.90*	193.97*	24.55*	
		蛋鸡	产污	19.67*	0.33*	1.37*	0.33*	
		肉鸡	产污	8.00*	0.05*	0.16*	0.05*	
14	广东广州	猪	产污	90.41*	4.93*	N	N	(阿磊等,2012)
		奶牛	产污	345.21*	45.00*	N	N	
		肉牛	产污	345.21*	45.00*	N	N	
		蛋鸡	产污	29.00*	0.60*	N	N	
		肉鸡	产污	3.01*	0.06*	N	N	
15	四川内江	生猪	排污	113.02*	3.19*	8.34*	2.15*	(吴艳娟等,2012)
		生猪	排污	122.04*	4.50*	11.90*	3.00*	
		生猪	排污	138.20	8.99*	16.69*	3.12*	

续表

编号	地区	畜禽种类	产/排污	系数值/[g/(头·天)]				引用文献
				COD	NH$_3$-N	TN	TP	
16	黑龙江绥化	育成牛	产污	2132.49	N	112.82	50.28	(栾冬梅等,2012)
		泌乳牛	产污	4365.58	N	270.88	182.99	
		育成牛	排污	540.39	N	34.34	13.29	
		泌乳牛	排污	1000.58	N	85.29	59.65	
17	黑龙江	育成牛	产污	N	N	626.50*	143.05*	(栾冬梅等,2011)
		育成牛	排污	N	N	114.08*	23.57*	
18	上海闵行区等	奶牛	产污	1100.00	12.00	N	N	(黄沈发等,1994)
		肉猪	产污	266.00	37.50	N	N	
		肉鸡	产污	9.00	0.60	N	N	
19	甘肃	保育猪	产污	N	N	31.31*	28.63*	(田宗祥,2009)
		育肥猪	产污	N	N	77.42*	62.62*	
		妊娠猪	产污	N	N	77.27*	64.38*	
20	江苏	奶牛	产污	N	N	190.48	34.16	(黄红英等,2013)
		肉牛	产污	N	N	115.09	15.89	
		羊	产污	N	N	20.07	2.18	
		肉猪	产污	N	N	33.63	4.25	
		繁殖母猪	产污	N	N	46.64	6.02	
		肉鸡	产污	N	N	0.65	0.48	
		蛋鸡	产污	N	N	0.95	0.30	
		草鸡	产污	N	N	0.44	0.21	

续表

编号	地区	畜禽种类	产/排污	系数值[g/(头·天)]				引用文献
				COD	NH₃-N	TN	TP	
20	江苏	鸭	产污	N	N	0.61	0.30	(黄红英等，2013)
		鹅	产污	N	N	0.84	0.41	
21	上海	公猪	产污	N	N	46.18*	N	(沈根祥等，1994)
		母猪	产污	N	N	55.29*	N	
		肉猪	产污	N	N	8.86*	N	
		肉鸡	产污	N	N	0.18*	N	
		蛋鸡	产污	N	N	2.45*	N	
		肉鸭	产污	N	N	0.12*	N	
		蛋鸭	产污	N	N	1.86*	N	
		奶牛	产污	N	N	279.03*	N	
		羊	产污	N	N	20.82*	N	
		兔	产污	N	N	2.92*	N	
22	海南文昌等	仔猪	产污	43.63	1.89	4.41	0.95	(苏文幸，2012)
		保育	产污	124.38	5.17	10.74	1.99	
		育肥	产污	269.01	15.90	30.23	4.18	
		空怀	产污	484.80	5.70	34.70	5.70	
		妊娠	产污	533.75	6.74	52.27	6.74	
		生猪	产污	206.28	10.11	21.06	3.11	
		生猪	排污	70.00	2.17	5.78	1.11	
		生猪	排污	9.44	5.17	7.72	0.33	
		生猪	排污	5.00	0.77	1.50	0.33	

续表

编号	地区	畜禽种类	产/排污	系数值/[g/(头·天)]				引用文献
				COD	NH₃-N	TN	TP	
22	海南文昌等	生猪	排污	18.56	5.61	8.56	0.78	(苏文幸,2012)
		生猪	排污	7.72	0.83	1.83	0.44	
		生猪	排污	1855.20	927.90	1377.30	66.10	
		生猪	排污	960.40	140.40	251.40	55.80	
23	四川	保育猪	产污	105.92	1.21	7.03	3.99	(何志平等,2010)
		育成猪	产污	206.65	2.90	11.65	6.54	
		繁殖母猪	产污	274.96	5.80	16.03	13.38	
		保育猪	排污	62.17	1.07	5.31	2.06	
		育成猪	排污	121.30	2.56	8.80	3.38	
		繁殖母猪	排污	161.40	5.13	12.11	6.93	
24	长江三角洲	生猪	产污	266.00	37.50	N	N	(刘培芳等,2002)
		蛋禽	产污	4.50	0.90	N	N	
		肉禽	产污	9.00	1.80	N	N	
		牛	产污	1100.00	12.00	N	N	
25	浙江	保育猪	产污	24.49	1.47	11.20	4.66	(汪开英等,2009)
		育肥猪	产污	66.49	5.38	30.44	10.40	
		妊娠猪	产污	107.69	10.65	49.61	20.93	
		保育猪	排污	1.98*	0.13*	0.92*	0.12*	
		育肥猪	排污	5.36*	0.49*	2.66*	0.30*	
		妊娠猪	排污	8.68*	0.96*	4.76*	0.57*	

续表

编号	地区	畜禽种类	产/排污	系数值[g/(头·天)]				引用文献
				COD	NH₃-N	TN	TP	
26	中国	猪	产污	N	N	12.61	3.92	(王方浩等,2006)
		役用牛	产污	N	N	97.14	22.69	
		肉牛	产污	N	N	74.05	17.30	
		奶牛	产污	N	N	186.58	43.59	
		马	产污	N	N	61.11	12.45	
		驴、骡	产污	N	N	51.79	10.55	
		羊	产污	N	N	24.17	5.15	
		肉鸡	产污	N	N	1.03	0.41	
		蛋鸡	产污	N	N	1.41	0.57	
		鸭、鹅	产污	N	N	0.69	0.32	
		兔	产污	N	N	0.96	0.33	
27	重庆	育肥猪	产污	N	N	38.50*	15.00*	(彭里等,2004)
		妊娠猪	产污	N	N	55.00*	27.50*	
		牛	产污	N	N	175.00*	60.00*	
		羊	产污	N	N	15.60*	7.80*	
		马	产污	N	N	115.00*	32.50*	
		肉禽	产污	N	N	0.10*	0.88*	
		蛋禽	产污	N	N	0.18*	1.65*	
		兔	产污	N	N	0.17*	0.36*	

续表

编号	地区	畜禽种类	产/排污	COD	NH₃-N	TN	TP	引用文献
					系数值/[g/(头·天)]			
28		保育猪	产污	236.76	N	20.40	3.48	
		育肥猪	产污	419.56	N	33.23	6.06	
		妊娠猪	产污	482.17	N	43.66	9.93	
		保育猪	排污	26.88	N	3.22	0.38	
		保育猪	排污	181.09	N	7.00	2.30	
		育肥猪	排污	30.78	N	5.34	0.43	
		育肥猪	排污	281.35	N	12.93	3.61	
	华北区	妊娠猪	排污	19.47	N	8.42	0.26	（中国农业科学院环境与可持续发展研究所，2009）
		妊娠猪	排污	323.36	N	14.07	6.03	
		保育猪	排污	64.03	N	7.52	0.77	
		保育猪	排污	231.32	N	13.40	3.22	
		育肥猪	排污	149.34	N	13.65	1.77	
		育肥猪	排污	377.39	N	18.81	5.23	
		妊娠猪	排污	154.46	N	19.03	2.90	
		妊娠猪	排污	426.51	N	26.78	8.28	
	东北区	保育猪	产污	167.76	N	26.03	3.05	
		育肥猪	产污	430.73	N	57.70	6.16	
		妊娠猪	产污	582.85	N	78.67	11.05	
		保育猪	排污	32.02	N	6.48	0.49	
		保育猪	排污	120.56	N	9.68	1.77	

续表

编号	地区	畜禽种类	产/排污	系数值[g/(头·天)]				引用文献
				COD	NH₃-N	TN	TP	
		育肥猪	排污	68.87	N	17.64	0.58	
		育肥猪	排污	293.05	N	24.77	4.03	
		妊娠猪	排污	97.72	N	43.31	1.12	
		妊娠猪	排污	413.13	N	52.67	6.59	
		保育猪	排污	19.03	N	5.79	0.47	
	东北区	保育猪	排污	132.69	N	9.89	2.70	
		育肥猪	排污	44.87	N	16.23	0.35	
		育肥猪	排污	311.98	N	24.58	5.30	(中国农业科学院环境与可持续发展研究所，2009)
		妊娠猪	排污	61.67	N	29.96	0.45	
		妊娠猪	排污	403.67	N	40.94	9.10	
28		保育猪	产污	164.89	N	11.35	1.44	
		育肥猪	产污	337.90	N	25.40	3.21	
		妊娠猪	产污	472.34	N	39.60	5.11	
		保育猪	排污	27.59	N	3.79	0.32	
		保育猪	排污	90.52	N	6.30	1.12	
	华东区	育肥猪	排污	34.93	N	7.17	0.47	
		育肥猪	排污	186.67	N	12.36	2.58	
		妊娠猪	排污	67.87	N	13.19	1.02	
		妊娠猪	排污	277.12	N	19.18	4.86	
		保育猪	排污	28.91	N	4.09	0.42	

续表

编号	地区	畜禽种类	产/排污	COD	NH₃-N	TN	TP	引用文献
					系数值/[g/(头·天)]			
	华东区	保育猪	排污	76.75	N	6.03	1.16	
		育肥猪	排污	49.63	N	6.81	0.68	
		育肥猪	排污	160.55	N	10.79	2.54	
		妊娠猪	排污	59.17	N	12.71	0.82	
		妊娠猪	排污	267.04	N	18.26	3.88	
28		保育猪	产污	187.37	N	19.83	2.51	(中国农业科学院环境与可持续发展研究所，2009)
		育肥猪	产污	358.82	N	44.73	5.99	
		妊娠猪	产污	542.45	N	51.15	11.18	
		保育猪	排污	24.79	N	5.67	0.19	
		保育猪	排污	93.73	N	9.11	1.52	
		育肥猪	排污	39.14	N	12.40	0.21	
		育肥猪	排污	181.22	N	17.92	3.13	
	中南区	妊娠猪	排污	33.11	N	18.01	0.30	
		妊娠猪	排污	209.86	N	24.47	4.97	
		保育猪	排污	37.27	N	8.16	1.23	
		保育猪	排污	80.91	N	9.77	1.82	
		育肥猪	排污	57.28	N	16.82	0.96	
		育肥猪	排污	160.01	N	20.07	2.43	
		妊娠猪	排污	80.06	N	22.30	1.72	
		妊娠猪	排污	241.73	N	27.01	5.10	

续表

编号	地区	畜禽种类	产/排污	COD	NH₃-N	TN	TP	引用文献
					系数值/[g/(头·天)]			
28		保育猪	产污	142.02	N	10.97	1.94	
		育肥猪	产污	403.67	N	19.74	4.84	
		妊娠猪	产污	446.41	N	22.02	6.55	
		保育猪	排污	19.17	N	2.11	0.27	
		保育猪	排污	53.58	N	4.08	0.60	
		育肥猪	排污	47.09	N	5.56	0.43	
		育肥猪	排污	166.97	N	10.30	1.28	
	西南区	妊娠猪	排污	62.22	N	7.17	0.70	（中国农业科学院环境与可持续发展研究所，2009）
		妊娠猪	排污	182.40	N	11.32	2.30	
		保育猪	排污	34.91	N	3.36	0.50	
		保育猪	排污	88.74	N	6.36	1.10	
		育肥猪	排污	98.09	N	8.59	0.96	
		育肥猪	排污	259.09	N	13.79	2.55	
		妊娠猪	排污	46.88	N	8.73	0.67	
		妊娠猪	排污	292.05	N	15.46	2.80	
	西北区	保育猪	产污	207.52	N	21.49	2.78	
		育肥猪	产污	397.12	N	36.77	4.88	
		妊娠猪	产污	359.97	N	40.79	5.24	
		保育猪	排污	31.49	N	6.96	0.38	
		保育猪	排污	94.72	N	9.47	0.78	

续表

编号	地区	畜禽种类	产/排污	COD	NH₃-N	TN	TP	引用文献
				系数值/[g/(头·天)]				
		育肥猪	排污	31.06	N	11.15	0.27	
		育肥猪	排污	156.73	N	15.41	1.95	
		妊娠猪	排污	32.90	N	13.81	0.32	
		妊娠猪	排污	142.21	N	17.26	2.12	（中国农业科学院环境
		保育猪	排污	64.19	N	13.70	0.75	与可持续发展研究所,
28	西北区	保育猪	排污	193.08	N	18.64	1.55	2009）
		育肥猪	排污	63.31	N	31.94	0.53	
		育肥猪	排污	319.48	N	30.31	3.87	
		妊娠猪	排污	67.07	N	27.17	0.63	
		妊娠猪	排污	289.89	N	33.95	4.20	

注：N 表示文献中没有此信息；* 表示文中没有直接说明数值，数据通过文章中所介绍方法计算获得

附表 3　文献报道的农村生活产排污情况

编号	地区	产/排污	COD	NH₃-N	TN	TP	引用文献
				系数值[g/(头·天)]			
1	江苏宜兴	排污	9.25	2.39	3.15	0.22	
		排污	13.34	3.27	4.3	0.3	
		排污	19.69	4.01	5.25	0.37	（王文林等,2010）
		产污	20.17	4.39	6.42	0.53	
		产污	23.87	4.39	6.42	0.53	
		产污	28.36	4.39	6.42	0.53	
2	滇池流域	产污	48.1	N	1.11	0.17	
		产污	52	N	1.31	0.19	（严婷婷等,2010）
		排污	43.4	N	1	0.16	
		排污	46.9	N	1.18	0.17	
3	安徽巢湖	产污	18.91	0.16	0.63	0.08	（谭平等,2012）
		排污	11.72	0.1	0.39	0.05	
4	青海西宁	产污	45.9	5.4	N	N	
		产污	16.4	2.1	N	N	
		产污	48.7	5.3	N	N	
		产污	31.6	3.7	N	N	（李华等,2007）
		排污	24	5.5	N	N	
		排污	9.2	2	N	N	
		排污	26.8	6.2	N	N	
		排污	17.1	3.9	N	N	

续表

编号	地区	产/排污	系数值/[g/(头·天)]				引用文献
			COD	NH₃-N	TN	TP	
5	珠江三角洲地区	产污	69.9	7.95	10.4	1.09	(刘爱萍等,2011)
6	太湖流域	排污	19.26	3.65	N	N	(史铁锤,2010)
7	浙江	产污	58	7.4	10.3	0.74	(第一次全国污染源普查,2009)
		排污	49	7.3	9.1	0.65	
8	鄱阳湖区	产污	45.15	N	1.09	0.165	(吴罗发,2012)
9	西宁严小村	排污	8.53	0.092	0.381	0.041	
		排污	12.38	0.107	0.399	0.158	
	西宁南关村	排污	7.02	0.077	0.33	0.041	
		排污	11.42	0.093	0.329	0.123	
	西宁班仲营村	排污	7.2	0.079	0.354	0.042	(丁悦等,2012)
		排污	11.37	0.086	0.317	0.118	
	西宁河拉台村	排污	6.81	0.077	0.326	0.037	
		排污	10.71	0.074	0.306	0.096	
	青海西宁	排污	18.95	0.173	0.69	0.166	
10	湖北三峡库区	排污	11.1	N	0.26	0.03	(蔡金洲等,2012)
		排污	6.24	N	0.02	0.15	
11	四川郫县	排污	11.7	1.092	N	N	(高洁等,2010)
	四川大英	排污	8.4	0.78	N	N	
	四川宁南	排污	8.4	0.78	N	N	
	四川康定	排污	6.72	0.624	N	N	
12	浙江安吉	排污	8.4	0.16	0.58	0.15	(吴一鸣等,2012)
		排污	1.98	0.53	4.4	0.44	

注:N 表示文献中没有此信息

附表 4　文献报道的城镇非点源产污情况

下垫面或区域条件	地区	统计降雨次数 n	EMC 污染物平均浓度/(mg/L)							参考文献
			COD	TN	NH₃-N	NO₃⁻-N	TP	BOD	SS	
马路	北京	12	369.5	8.1	7.9	15.1	1.9	N	467.8	(欧阳威等,2010;蒋德明等,2008;侯立柱等,2007;任玉芬等,2005;张亚东等,2004;汪慧贞等,2002;车武,2001)
	重庆	5	374.7	7.8	4.1	N	1.0	N	440.8	(何强等,2014)
	滇池流域	22	407	8.8	2.1	0.8	1.1	N	N	(黎巍等,2011;黄俊等,2004)
	武汉	10	378	5.85	N	N	0.6	N	675	(Li et al.,2007;叶闵等,2006;刘华祥,2005)
	合肥	4	438.8	6.6	2.85	N	0.7	55.3	627.3	(徐微等,2013)
	广州	5	72.95	3.6	0.75	N	0.2	9.8	86.15	(甘华阴等,2006;黄国如等,2012)
	常熟	4	N	4.1	1.0	1.8	0.4	N	N	(夏忠立等,2003)
	上海	6	N	N	4.7	1.8	N	N	N	(蒋海燕等,2002)
	西安	2	360.05	N	N	N	N	60	770.1	(赵剑强等,2002)
	法国	8	105	1.65	0.635	N	N	35	94.75	(Gnecco et al.,2005;Gromaire et al.,2001;Pagotto et al.,2002)
	德国	5	47	6	N	N	0.2	N	N	(Gnecco et al.,2005)
	意大利	11	129	N	N	N	N	N	140	(Gnecco et al.,2005)
	爱尔兰	5	N	4.35	0.15	0.45	0.2	31.8	N	(Gilbert et al.,2006)
屋顶	北京	12	188.0	8.0	8.2	11.8	0.4	N	156.9	(欧阳威等,2010;蒋德明等,2008;侯立柱等,2007;任玉芬等,2005;张亚东等,2004;汪慧贞等,2002;车武,2001)

续表

下垫面或区域条件	地区	统计降雨次数 n	EMC污染物平均浓度/(mg/L)							参考文献
			COD	TN	NH₃-N	NO₃-N	TP	BOD	SS	
屋顶	重庆	5	65.4	5.1	1.71	N	0.18	N	59.4	(何强等,2014)
	滇池流域	22	36.6	4.5	1.6	0.7	0.2	N	N	(黎巍等,2011;黄俊等,2004)
	武汉	10	49.7	5.05	N	N	0.25	N	50	(Li et al.,2007;叶闵等,2006;刘华祥,2005)
	广州	5	59	3.5	0.4	N	0.3	5.8	122.7	(甘华阳,2006;黄国如等,2012)
	法国	8	27.5	N	N	N	N	4	23	(Gnecco et al.,2005; Gromaire et al.,2001;Pagotto et al.,2000)
	德国	5	87	2.3	0.9	N	0.6	N	N	(Gnecco et al.,2005)
	意大利	11	N	N	N	N	N	N	19	(Gnecco et al.,2005)
草地	北京	12	169.0	5.3	5.2	7.8	1.1	N	357.7	(欧阳威等,2010;蒋德明等,2008;侯立柱等,2007;任玉芬等,2005;张亚东等,2004;汪慧贞等,2002;车武,2001)
	滇池流域	22	220	9.7	1.3	1.6	0.7	N	N	(黎巍等,2011;黄俊等,2004)
	广州	5	114.4	1.95	0.55	N	1.1	8.2	341	(甘华阳,2006;黄国如等,2012)
	珠海	8	N	N	N	N	N	N	N	(卓慕宁等2004)
	苏州	3	N	N	N	N	N	N	N	(祁继英,2005)
	法国	8	71	N	N	N	N	17	45	(Gnecco et al.,2005; Gromaire et al.,2001;Pagotto et al.,2000)
	印度	8	N	N	N	N	N	N	N	(Bhaduri et al.2000)
居民区	合肥	4	372.8	8.7	1.9	N	0.9	84	539	(徐微等,2013)
	武汉	10	85	5.45	N	N	0.4	N	500	(Li et al.,2007;叶闵等,2006;刘华祥,2005)

续表

下垫面或区域条件	地区	统计降雨次数 n	EMC污染物平均浓度/(mg/L)							参考文献
			COD	TN	NH₃-N	NO₃-N	TP	BOD	SS	
居民区	常熟	4	N	3.8	1.1	1.8	1.0	N	N	(夏忠立等，2003)
	上海	6	N	N	2.8	0.8	N	N	N	(蒋海燕等，2002)
	苏州	3	350	9.5	2.3	N	0.3	N	600	(祁继英，2005)
	意大利	11	46	N	N	N	N	N	171	(Gnecco et al.,2005)
	广州	14	24.9	1.9	0.5	N	0.2	2.5	88.5	(祁继英，2005)
	韩国	10	249.1	10.3	N	0.8	7.2	76.1	552.2	(Lee et al.，2000)
商业区	合肥	4	1015.5	14.8	3.9	N	1.0	181.3	510.5	(徐微等，2013)
	上海	6	N	N	3.2	0.6	N	N	N	(蒋海燕等，2002)
	广州	14	33.5	1.6	0.5	N	0.1	3.4	99.5	(祁继英，2005)
	苏州	3	465	12.2	3.2	N	0.3	N	750	(祁继英，2005)
工业区	上海	6	N	N	6.6	2.3	N	N	N	(蒋海燕等，2002)
	苏州	3	313	10.9	4.8	N	0.3	N	575	(祁继英，2005)
	韩国	10	219.8	9.1	N	1.2	4.4	83.7	121	(Lee et al.，2000)
整体区域	滇池流域	22	N	6.0	N	N	1.9	N	1595	(黎巍等，2011;黄俊等，2004)
	武汉	10	N	N	N	N	N	N	N	(Li et al.，2007;叶闵等，2006;刘华祥，2005)
	珠海	8	77.5	5.0	3.5	0.4	0.5	7.2	569.3	(卓慕宁等，2004)
	法国	8	N	N	N	N	N	N	N	(Gnecco et al.，2005; Gromaire et al.，2001;Pagotto et al.，2000)
	美国	7	169	3.1	N	N	0.6	N	184	(Brezonik et al.，2001;Driscoll et al.，2002)

注：N表示文献中没有此信息

附表 5　文献报道的大尺度流域非点源产污情况

研究区域	面积/km²	土地利用类型/%							TN流失负荷/(kg/hm²)	TP流失负荷/(kg/hm²)	参考文献
		耕地	林地	水域	草地	建设用地	园地	未利用			
洗府河河流域	890	92.1	5.0	N	N	5.0	N	N	3.18	0.40	(孙媛媛,2013)
芒溪河流域	1082	93.0	N	2.9	N	4.1	N	N	13.56	2.47	(蔡孟林等,2014)
南四湖流域	31700	84.9	2.2	5.5	1.3	3.3	N	N	2.11	0.04	(李爽,2012)
大沽河流域	6131	75.9	2.9	3.0	8.6	9.6	N	N	4.23	0.66	(吴家林,2013)
凤羽河流域	217	17.0	32.3	50.5	N	N	N	N	2.34	0.40	(张召喜,2013)
西苕溪流域	850	18.2	74.6	0.2	N	4.1	3.0	N	4.83	0.74	(吴一鸣,2013)
黑河流域	1481	1.7	89.5	N	N	4.7	N	4.1	1.17	0.26	(李怀恩等,2011)
九龙江流域	13749	15.0	69.0	12.9	12.1	13.9	N	N	8.78	4.67	(洪华生等,2005)
太子河流域	13883	32.6	56.3	12.3	2.3	7.4	N	20.0	9.42	4.07	(罗倩,2013)
东圳水库	305	19.1	57.1	N	N	4.0	N	5.1	47.02	3.83	(胡媛,2012)
滇池流域	2910	20.0	47.2	10.8	N	16.5	14.2	N	9.10	3.08	(韩赵钦,2013)

注：N 表示文献中没有此信息。

参 考 文 献

蔡金洲,范先鹏,黄敏,等. 2012. 湖北省三峡库区农业面源污染解析[J]. 农业环境科学学报,31(7): 1421-1430.

蔡孟林,付永胜. 2014. SWAT 模型在茫溪河流域非点源污染研究中的应用[J]. 四川环境,33(3):102-107.

蔡壬侯. 1991. 浙江省植被类型及百万分之一植被图[J]. 杭州大学学报(自然科学版),(01):83-87.

蔡永明,张科利,李双才. 2003. 不同粒径制间土壤质地资料的转换问题研究[J]. 土壤学报,40(4): 511-517.

仓恒瑾,许炼峰,李志安,等. 2005. 农业非点源污染控制中的最佳管理措施及其发展趋势[J]. 生态科学, 24(2):173-177.

车武,刘红. 2001. 北京城区屋面雨水污染及利用研究[J]. 中国给水排水,17(6):57-61.

车武,刘燕. 2002. 北京城区面源污染特征及其控制对策[J]. 北京建筑工程学院学报,18(4):5-9.

陈海媛,郭建斌,张宝贵,等. 2012. 畜禽养殖业产污系数核算方法的确定[J]. 中国沼气,30(3):14-16.

陈怀满. 2005. 环境土壤学[M]. 北京:科学出版社.

陈颖,赵磊,杨勇,等. 2011. 海河流域水稻田氮磷地表径流流失特征初探[J]. 农业环境科学学报,30(2): 328-333.

程红光,郝芳华,任希岩,等. 2006. 不同降雨条件下非点源污染氮负荷入河系数研究[J]. 环境科学学报, 26(3):392-397.

程炯,林锡奎,吴志峰,等. 2006. 非点源污染模型研究进展[J]. 生态环境,15(3):641-644.

丁锐,崔玉香,佟勇,等. 2012. 西宁市农村居民生活污水水质特征分析[J]. 安徽农业科学,40(1): 314-315.

丁晓雯,刘瑞民,沈珍瑶. 2006. 基于水文水质资料的非点源输出系数模型参数确定方法及其应用[J]. 北京师范大学学报:自然科学版,42(5):534-538.

董红敏,朱志平,黄宏坤,等. 2011. 畜禽养殖业产污系数和排污系数计算方法[J]. 农业工程学报,27(1): 303-308.

方楠,吴春山,张江山,等. 2008. 天然降雨条件下典型小流域氮流失特征[J]. 环境污染与防治,30(9): 51-54.

傅朝栋,梁新强,赵越,等. 2014. 不同土壤类型及施磷水平的水稻田面水磷素浓度变化规律[J]. 水土保持学报,28(4):7-12.

甘华阳,卓慕宁,李定强,等. 2006. 广州城市道路雨水径流的水质特征[J]. 生态环境,15(5):969-973.

高洁,付永胜. 2010. 四川省农村生活污染现状及防治对策研究[J]. 广东农业科学,37(5):160-161.

高兴家,梁成华,李成高. 2014. 南四湖流域农田肥料和农药流失率研究[J]. 河南农业科学,43(2):68-71.

高学睿,董斌,秦大庸,等. 2011. 用 DrainMOD 模型模拟稻田排水与氮素流失[J]. 农业工程学报,27(6): 52-58.

郭智,肖敏,陈留根,等. 2010. 稻麦两熟农田稻季养分径流流失特征[J]. 生态环境学报,19(7): 1622-1627.

郭智,周炜,陈留根,等. 2013. 施用猪粪有机肥对稻麦两熟农田稻季养分径流流失的影响[J]. 水土保持学报,27(6):21-25.

国家环境保护总局. 2002. 水和废水监测分析方法[M]. 北京:中国环境科学出版社.

国家环境保护总局自然生态保护司. 2002. 全国规模化畜禽养殖业污染情况调查及防治对策[M]. 北京: 中国环境科学出版社.

韩赵钦. 2013. 基于 SWAT 模型的滇池流域不同土地利用配置下的非点源污染研究[D]. 武汉：华中农业大学硕士学位论文.

郝芳华，程红光，杨胜天. 2006. 非点源污染模型：理论方法与应用[M]. 北京：中国环境科学出版社.

何军，崔远来，王建鹏，等. 2010. 不同尺度稻田氮磷排放规律试验[J]. 农业工程学报,(10)：56-62.

何磊，俞龙生，江东鹏，等. 2012. 广州市畜禽养殖业污染空间分布研究[J]. 生态科学,(01)：57-62.

何强，潘伟亮，王书敏，等. 2014. 山地城市典型硬化下垫面暴雨径流初期冲刷研究[J]. 环境科学学报,34(4)：959-964.

何志平，曾凯，李正确，等. 2010. 四川规模猪场产排污系数测定[J]. 中国沼气,28(4)：10-14.

洪华生，黄金良，张珞平，等. 2005. AnnAGNPS 模型在九龙江流域农业非点源污染模拟应用[J]. 环境科学,26(4)：63-69.

洪小康，李怀恩. 2000. 水质水量相关法在非点源污染负荷估算中的应用[J]. 西安理工大学学报,16(4)：384-386.

侯立柱，丁跃元，冯绍元，等. 2007. 北京城区不同下垫面的雨水径流水质比较[J]. 中国给水排水,22(23)：35-38.

胡媛. 2012. 基于 SWAT 模型的东圳库区非点源污染模拟研究[D]. 福建：福建师范大学硕士学位论文.

黄国如，聂铁锋. 2012. 广州城区雨水径流非点源污染特性及污染负荷[J]. 华南理工大学学报：自然科学版,40(2)：142-148.

黄红英，常志州，叶小梅，等. 2013. 区域畜禽粪便产生量估算及其农田承载预警分析——以江苏为例[J]. 江苏农业学报,29(4)：777-783.

黄金良，洪华生，张珞平，等. 2004. 基于 GIS 的九龙江流域农业非点源氮磷负荷估算研究[J]. 农业环境科学学报,23(05)：866-871.

黄俊，张旭，彭炯，等. 2004. 暴雨径流污染负荷的时空分布与输移特性研究[J]. 农业环境科学学报,23(2)：255-258.

黄沈发，陈长虹，贺军峰. 1994. 黄浦江上游汇水区禽畜业污染及其防治对策[J]. 上海环境科学,13(5)：4-8.

黄云凤，张珞平，洪华生，等. 2004. 不同土地利用对流域土壤侵蚀和氮、磷流失的影响[J]. 农业环境科学学报,23(4)：735-739.

黄宗楚，郑祥民，姚春霞. 2007. 上海旱地农田氮磷随地表径流流失研究[J]. 云南地理环境研究,19(1)：6-10.

姜萍，袁永坤，朱日恒，等. 2013. 节水灌溉条件下稻田氮素径流与渗漏流失特征研究[J]. 农业环境科学学报,32(8)：1592-1596.

蒋德明，蒋玮. 2008. 国内外城市雨水径流水质的研究[J]. 物探与化探,32(4)：417-420.

蒋海燕，刘敏. 2002. 上海城市降水径流营养盐氮负荷及空间分布[J]. 城市环境与城市生态,15(1)：15-17.

焦加国，武俊喜，杨林章，等. 2006. 不同区域人口密集的乡村景观中土地利用对土壤氮磷的影响[J]. 水土保持学报,20(3)：97-101.

焦少俊，胡夏民，潘根兴，等. 2007. 施肥对太湖地区青紫泥水稻土稻季农田氮磷流失的影响[J]. 生态学杂志,26(4)：495-500.

金相灿，屠清瑛. 1990. 湖泊富营养化调查规范. 第 2 版.[M]. 北京：中国环境科学出版社.

康杰伟，李硕. 2007. SWAT 模型运行结构与组织研究[J]. 地球信息科学,9(5)：76-82.

黎巍，何佳，徐晓梅，等. 2011. 滇池流域城市降雨径流污染负荷定量化研究[J]. 环境监测管理与技术,(5)：37-42.

李东，王子芳，郑杰炳，等. 2009. 紫色丘陵区不同土地利用方式下土壤有机质和全量氮磷钾含量状况[J]. 土壤通报，40(2)：310-314.

李帆，鲍先巡，王文军，等. 2012. 安徽省畜禽养殖业粪便成分调查及排放量估算[J]. 安徽农业科学，40(12)：7359-7361.

李峰，胡铁松，黄华金. 2008. SWAT 模型的原理、结构及其应用研究[J]. 中国农村水利水电，(3)：24-28.

李国斌，王焰新，程胜高. 2002. 基于暴雨径流过程监测的非点源污染负荷定量研究[J]. 环境保护，(5)：46-48.

李恒鹏，黄文钰，杨桂山，等. 2006. 太湖地区蠡河流域不同用地类型面源污染特征[J]. 中国环境科学，26(2)：243-247.

李华，杨超. 2007. 西北地区城镇居民生活污染源产排污系数初探[A]//全国城镇生活污染源与集中式污染治理设施产排污系数与产排污量测算学术研讨会论文集.

李怀恩. 2000. 估算非点源污染负荷的平均浓度法及其应用[J]. 环境科学学报，20(4)：397-400.

李怀恩，秦耀民，胥彦玲. 2011. 陕西黑河流域土地利用变化对非点源污染的影响研究[J]. 水力发电学报，30(5)：240-247.

李慧. 2008. 基于田面水总氮变化特点和"水-氮耦合"机制的稻田氮素径流流失模型研究 [D]. 南京：南京农业大学硕士学位论文.

李家科. 2009. 流域非点源污染负荷定量化研究[D]. 西安：西安理工大学博士学位论文.

李家科，李怀恩，刘健，等. 2008. 基于暴雨径流过程监测的渭河非点源污染特征及负荷定量研究[J]. 水土保持通报，28(2)：106-111.

李俊然，陈利顶. 2000. 土地利用结构对非点源污染的影响[J]. 中国环境科学，20(6)：506-510.

李平，段然，曾希柏，等. 2013. 双季稻种植模式下氮和磷的适宜施用量[J]. 湖南农业大学学报：自然科学版，39(3)：286-290.

李强坤，胡亚伟，孙娟，等. 2011. 不同水肥条件下农业非点源田间产污强度[J]. 农业工程学报，27(2)：96-102.

李爽. 2012. 基于 SWAT 模型的南四湖流域非点源氮磷污染模拟及湖泊沉积的响应研究[D]. 济南：山东师范大学博士学位论文.

李仰斌，张国华，谢崇宝. 2008. 我国农村生活排水现状及处理对策建议[J]. 中国水利，(3)：51-53.

李卓. 2009. 土壤机械组成及容重对水分特征参数影响模拟试验研究 [D]. 杨凌：西北农林科技大学博士学位论文.

梁新强，田光明，李华，等. 2005. 天然降雨条件下水稻田氮磷径流流失特征研究[J]. 水土保持学报，19(1)：59-63.

林积泉，马俊杰，王伯铎，等. 2004. 城市非点源污染及其防治研究[J]. 环境科学与技术，27(B08)：63-65.

刘爱萍，刘晓文，陈中颖，等. 2011. 珠江三角洲地区城镇生活污染源调查及其排污总量核算[J]. 中国环境科学，31(Z1)：53-57.

刘红江，郑建初，陈留根，等. 2012. 秸秆还田对农田周年地表径流氮、磷、钾流失的影响[J]. 生态环境学报，21(6)：1031-1036.

刘华祥. 2005. 城市暴雨径流面源污染影响规律研究[D]. 武汉：武汉大学硕士学位论文.

刘建康. 1999. 高级水生生物学[M]. 北京：科学出版社.

刘培芳，陈振楼，许世远，等. 2002. 长江三角洲城郊畜禽粪便的污染负荷及其防治对策[J]. 长江流域资源与环境，11(5)：456-460.

刘瑞民，杨志峰，丁晓雯，等. 2006. 土地利用/覆盖变化对长江上游非点源污染影响研究[J]. 环境科学，

27(12)：2407-2414.

鲁艳红，纪雄辉，郑圣先，等．2008.施用控释氮肥对减少稻田氮素径流损失和提高水稻氮素利用率的影响
　　[J].植物营养与肥料学报,14(3)：490-495.

陆欣欣，岳玉波，赵峥，等．2014.不同施肥处理稻田系统磷素输移特征研究[J].中国生态农业学报，
　　4：003.

栾冬梅，李士平，马君，等．2012.规模化奶牛场育成牛和泌乳牛产排污系数的测算[J].农业工程学报,28
　　(16)：185-189.

栾冬梅，马春宇，冯春燕，等．2011.规模化肉牛场育肥牛粪尿收集率的测定[J].黑龙江畜牧兽医,(9)：
　　55-56.

罗春燕，张维理，雷秋良，等．2009.农村土地利用方式对嘉兴土壤氮磷含量及其垂直分布的影响[J].农
　　业环境科学学报,28(10)：2098-2103.

罗倩．2013.辽宁太子河流域非点源污染模拟研究[D].北京：中国农业大学博士学位论文．

马立珊，汪祖强，张水铭，等．1997.苏南太湖水系农业面源污染及其控制对策研究[J].环境科学学报,17
　　(1)：39-47.

孟伟．2008.流域水污染物总量控制技术与示范[M].北京：中国环境科学出版社．

牛晓君．2006.富营养化发生机理及水华暴发研究进展[J].四川环境,25(3)：73-76.

农文协．1995.畜产环境对策大事典[M].东京：东京农山渔村文化协会出版社．

欧阳威，王玮，郝芳华，等．2010.北京城区不同下垫面降雨径流产污特征分析[J].中国环境科学,30(9)：
　　1249-1256.

彭里，王定勇．2004.重庆市畜禽粪便年排放量的估算研究[J].农业工程学报,20(1)：288-292.

彭绪亚，张鹏，贾传兴，等．2010.重庆三峡库区农村生活污水排放特征及影响因素分析[J].农业环境科
　　学学报,29(04)：758-763.

祁继英．2005.城市非点源污染负荷定量化研究[D].南京：河海大学硕士学位论文．

钱秀红，徐建民．2002.杭嘉湖水网平原农业非点源污染的综合调查和评价[J].浙江大学学报：农业与生
　　命科学版,28(2)：147-150.

任玉芬，王效科，韩冰，等．2005.城市不同下垫面的降雨径流污染[J].生态学报,25(12)：3225-3230.

邵婉晨，徐加宽，李光辉，等．2009.高产水稻田氮磷排放监测及特征分析[J].环境监测管理与技术,21
　　(4)：59-62.

沈根祥，汪雅谷，袁大伟．1994.上海市郊农田畜禽粪便负荷量及其警报与分级[J].上海农业学报,10
　　(S1)：6-11.

施泽升，续勇波，雷宝坤，等．2013.洱海北部地区不同氮、磷处理对稻田田面水氮磷动态变化的影响[J].
　　农业环境科学学报,32(4)：838-846.

石丽红，纪雄辉，李洪顺，等．2010.湖南双季稻田不同氮磷施用量的径流损失[J].中国农业气象,(4)：
　　551-557.

史鹏飞．2009.规模化奶牛场产污系数和排污系数测定研究[D].郑州：河南农业大学硕士学位论文．

史铁锤．2010.湖州市环太湖河网区水环境容量与水质管理研究[D].杭州：浙江大学硕士学位论文．

宋泽芬，王克勤，孙孝龙，等．2008.澄江尖山河小流域不同土地利用类型地表径流氮、磷的流失特征[J].
　　环境科学研究,21(4)：109-113.

苏文幸．2012.生猪养殖业主要污染源产排污量核算体系研究[D].长沙：湖南师范大学硕士学位论文．

孙健．2005.丰都县畜禽养殖污染现状及防治对策[J].当代农村,(4)：43-45.

孙世明，付丛生，张明华．2011.SWAT模型在平原河网区的子流域划分方法研究[J].中国农村水利水电，

（6）：17-20.

孙兴旺．2010．巢湖流域农村生活污染源产排污特征与规律研究［D］．合肥：安徽农业大学硕士学位论文．

孙亚敏，董曼玲．2000．内源污染对湖泊富营养化的作用及对策［J］．合肥工业大学学报：自然科学版，23
（2）：210-213.

孙媛媛．2013．不同土地利用类型对非点源氮磷污染影响研究［D］．济南：山东师范大学硕士学位论文．

谭平，马太玲，赵立欣，等．2012．巢湖农村生活污水产排污系数测算及处理模式分析［J］．中国给水排水，
（13）：88-91.

田平．2006．基于 GIS 杭嘉湖地区农田氮磷径流流失研究［D］．杭州：浙江大学硕士学位论文．

田平，陈英旭，田光明，等．2006．杭嘉湖地区淹水稻田氮素径流流失负荷估算［J］．应用生态学报，17
（10）：1911-1917.

田宗祥．2009．减少规模化养猪场粪污对环境的影响及调控措施［J］．国外畜牧学（猪与禽），29(3)：79-82.

童晓霞，崔远来，史伟达．2010．降雨对灌区农业面源污染影响规律的分布式模拟［J］．中国农村水利水电，
（9）：33-35.

汪慧贞，李宪法．2002．北京城区雨水径流的污染及控制［J］．城市环境与城市生态，15(2)：16-18.

汪开英，刘健，陈小霞，等．2009．浙江省畜禽业产排污测算与土地承载力分析［J］．应用生态学报，20
（12）：3043-3048.

王成贤，石德智，沈超峰，等．2011．畜禽粪便污染负荷及风险评估——以杭州市为例［J］．环境科学学报，
31(11)：2562-2569.

王方浩，马文奇，窦争霞，等．2006．中国畜禽粪便产生量估算及环境效应［J］．中国环境科学，26(5)：614-
617.

王果．2009．土壤学［M］．北京：高等教育出版社．

王婧，单保庆，张钧．2007．杭嘉湖水网地区农村面源污染研究［J］．农业环境科学学报，26(B10)：
357-361.

王俊华，陈俊敏，付永胜，等．2010．四川省重点流域农村生活污水排放现状调查［J］．广东农业科学，37
（05）：150-152.

王伟，顾继光，韩博平．2009．华南沿海地区小型水库叶绿素 a 浓度的影响因子分析［J］．应用与环境生物
学报，15(1)：64-71.

王文林，胡孟春，唐晓燕．2010．太湖流域农村生活污水产排污系数测算［J］．生态与农村环境学报，26(6)：
616-621.

王小治，高人，朱建国，等．2004．稻季施用不同尿素品种的氮素径流和淋溶损失［J］．中国环境科学，24
（5）：600-604.

王晓蓉，华兆哲．1996．环境条件变化对太湖沉积物磷释放的影响［J］．环境化学，15(1)：15-19.

王晓燕，秦福来，欧洋，等．2008．基于 SWAT 模型的流域非点源污染模拟——以密云水库北部流域为例
［J］．农业环境科学学报，27(3)：1098-1105.

王晓燕．1996．非点源污染定量研究的理论及方法［J］．首都师范大学学报：自然科学版，17(1)：91-95.

王心芳，魏复盛，齐文启．2002．水和废水监测分析方法［J］．北京：中国环境出版社，216-219.

王新谋．1997．家畜粪便学［M］．上海：上海交通大学出版社．

王鑫，吴先球．2003．用 Origin 剔除线性拟合中实验数据的异常值［J］．山西师范大学学报：自然科学版，17
（1）：45-49.

王玉合，张贵文．2008．SWAT 模型引言及其在非点源污染研究中的应用［J］．科技广场，(5)：116-119.

王振旗，沈根祥，钱晓雍，等．2011．淀山湖区域茭白种植模式氮、磷流失规律及负荷特征［J］．生态与农村

环境学报，27(1)：34-38.

王中根，刘昌明，黄友波．2003a.SWAT 模型的原理，结构及应用研究[J]. 地理科学进展,22(1)：79-861.

王中根，刘昌明，吴险峰．2003b. 基于 DEM 的分布式水文模型研究综述[J]. 自然资源学报,18(2)：
　　168-173.

温萌芽，赖格英，刘胤文．2007. 赣江流域畜禽养殖营养物质潜在排放量的估算与分析[J]. 水资源与水工
　　程学报,18(4)：48-52.

邬伦，李佩武．1996. 降雨-产流过程与氮磷流失特征研究[J]. 环境科学学报,16(1)：111-116.

吴飞龙，林代炎，叶美锋．2009. 福建省畜禽养殖业废弃物污染风险评估[J]. 中国农学通报,25(24)：445-
　　449.

吴家林．2013. 大沽河流域氮磷关键源区识别及整治措施研究[D]. 青岛：中国海洋大学博士学位论文.

吴俊，樊剑波，何园球，等．2012. 不同减量施肥条件下稻田田面水氮素动态变化及径流损失研究[J]. 生
　　态环境学报,21(9)：1561-1566.

吴罗发．2012. 鄱阳湖区农业面源污染时空分布研究[J]. 江西农业学报,24(9)：159-163.

吴艳娟，罗彬，杨媛媛．2013. 规模化畜禽养殖产污系数研究[J]. 资源开发与市场,28(12)：1096-1098.

吴一鸣．2013. 基于 SWAT 模型的浙江省安吉县西苕溪流域非点源污染研究[D]. 杭州：浙江大学硕士学
　　位论文.

吴一鸣，李伟，余昱葳，等．2012. 浙江省安吉县西苕溪流域非点源污染负荷研究[J]. 农业环境科学学报,
　　31(10)：1976-1985.

夏忠立，杨林章，吴春加，等．2003. 太湖地区典型小城镇降雨径流 NP 负荷空间分布的研究[J]. 农业环境
　　科学学报,22(3)：267-270.

肖军仓，周文斌，罗定贵，王忠忠．2010. 非点源污染模型——SWAT 用户应用指南[M]. 地质出版社.

谢学俭，陈晶中，宋玉芝，等．2008. 磷肥施用量对稻麦轮作土壤中麦季磷素及氮素径流损失的影响[J].
　　农业环境科学学报,26(6)：2156-2161.

谢学俭，陈晶中，汤莉莉，等．2007. 不同磷水平处理下水稻田磷氮径流流失研究[J]. 西北农业学报,16
　　(6)：261-266.

徐洪斌，吕锡武，李先宁，等．2008. 农村生活污水（太湖流域）水质水量调查研究[J]. 河南科学,26(7)：
　　854-857.

徐微，郜红建，李田．2013. 合肥市典型城区非渗透性铺面地表径流污染特征[J]. 环境科学与技术,36
　　(004)：84-88.

许海，秦伯强，朱广伟．2013. 太湖不同湖区夏季蓝藻生长的营养盐限制研究[J]. 中国环境科学,32(12)：
　　2230-2236.

薛金凤，夏军，马彦涛．2002. 非点源污染预测模型研究进展[J]. 水科学进展,13(5)：649-656.

严婷婷，王红华，孙治旭，等．2010. 滇池流域农村生活污水产排污系数研究[J]. 环境科学导刊,29(4)：
　　46-48.

杨丽霞，杨桂山．2010. 施磷对太湖流域水稻田磷素径流流失形态的影响[J]. 水土保持学报,24(5)：
　　31-34.

杨晓珊，张丽萍．1998. 叶绿素 a 含量对高锰酸盐指数测量影响初探[J]. 云南环境科学,17(004)：59-61.

杨增玲．2005. 生长肥育猪粪便主要成分含量快速预测方法和模型的研究[D]. 北京：中国农业大学博士学
　　位论文.

姚锡良．2012. 农村非点源污染负荷核算研究[D]. 广州：华南理工大学硕士学位论文.

叶闪，雷阿林，郭利平．2006. 城市面源污染控制技术初步研究[J]. 人民长江,37(4)：9-10.

尹澄清．2010．城市面源污染的控制原理和技术[M]．北京：中国建筑工业出版社．

张楠，秦大庸，张占庞．2007.SWAT 模型土壤粒径转换的探讨[J]．水利科技与经济，13(3)：168-169．

张秋玲．2010．基于 SWAT 模型的平原区农业非点源污染模拟研究[D]．杭州：浙江大学博士学位论文．

张璇，程敏熙，肖凤平．2012．利用 Origin 对数据异常值的剔除方法进行比较[J]．实验科学与技术，10(1)：
74-76．

张学军，陈晓群，刘宏斌，等．2010．宁夏引黄灌区稻田氮磷流失特征初探[J]．生态环境学报，19(5)：
1202-1209．

张亚东，车伍，刘燕，等．2004．北京城区道路雨水径流污染指标相关性分析[J]．城市环境与城市生态，16
(6)：182-184．

张玉华，刘东生，徐哲，等．2010．重点流域农村生活源产排污系数监测方法研究与实践[J]．农业环境科
学学报，29(4)：785-789．

张召喜．2013．基于 SWAT 模型的凤羽河流域农业面源污染特征研究[D]．北京：中国农业科学院硕士学
位论文．

张震，司友斌，谷勋刚，等．2009．巢湖流域规模化养殖场畜禽粪便污染负荷研究——以居巢区为例 [J]．
安徽农业科学，37(15)：7159-7161．

张志剑，董亮，朱荫湄．2001．水稻田面水氮素的动态特征、模式表征及排水流失研究[J]．环境科学学报，
21(4)：475-480．

章明奎，郑顺安，王丽平．2008．杭嘉湖平原水稻土磷的固定和释放特性研究[J]．上海农业学报，24(2)：9-
13．

赵广举，田鹏，穆兴民，等．2012．基于 PCRaster 的流域非点源氮磷负荷估算[J]．水科学进展，23(1)：80-
86．

赵剑强，孙奇清．2002．城市道路路面径流水质特性及排污规律[J]．长安大学学报：自然科学版，22(2)：
21-23．

赵颖．2006．水文、气象因子对藻类生长影响作用的试验研究[D]．南京：河海大学硕士学位论文．

郑建初，陈留根，张岳芳，等．2012．稻麦两熟制农田稻季温室气体甲烷及养分减排研究[J]．江苏农业学
报，28(5)：1031-1036．

中国农业科学院农业环境与可持续发展研究所．2009．第一次全国污染源普查畜禽养殖业源产排污系数手
册[EB/OL]．[2015-4-27]．http://wenku.baidu.com/link? url＝zC6PXo4hkSXG6EEuK-zPDGIZB0j7Hnwlqr
Hr6rMUTmMbSvWsg9VkMhKxux0HbbV345OCN0JChBBJwA6xWwl2hwW7GKnVLTEkhv9OoijT-wG．

中华人民共和国环境保护部．2014．中国环境状况公报[EB/OL]．北京：中华人民共和国环境保护部．
http://jcs.mep.gov.cn/hjzl/zkgb/2013zkgb/201406/t20140605_276490.htm．

周春华，何锦，郭建青，等．2007．降雨灌溉入渗条件下土壤水分运动的数值模拟[J]．中国农村水利水电，
(3)：40-43．

周泮，范先鹏，何丙辉，等．2007，江汉平原地区潮土水稻田面水磷素流失风险研究[J]．水土保持学报，
21(4)：47-50．

周全来，赵牧秋，鲁彩艳，等．2006．施磷对稻田土壤及田面水磷浓度影响的模拟[J]．应用生态学报，17
(10)：1845-1848．

朱利群，夏小江，胡清宇，等．2012．不同耕作方式与秸秆还田对稻田氮磷养分径流流失的影响[J]．水土
保持学报，26(6)：6-10．

卓慕宁，王继增，吴志峰，等．2004．珠海城区暴雨径流污染负荷估算及其评价[J]．水土保持通报，23(5)：
35-38．

Abell J M, Özkundakci D, Hamilton D P. 2010. Nitrogen and phosphorus limitation of phytoplankton growth in New Zealand lakes: Implications for eutrophication control[J]. Ecosystems,13(7): 966-977.

Adenan N S, Shariff M. 2013. Effects of salinity and temperature on the growth of diatoms and green algae [J]. Journal of Fisheries and Aquatic Science,8(2): 397-404.

ANZECC and ARMCANZ[Australian and New Zealand Environment and Conservation Council, Agriculture and Resource Management Council of Australia and New Zealand]. Australian and New Zealand Guidelines for Fresh and Marine Water Quality[S]. Volume 1. Australian and New Zealand Environment and Conservation Council, Canberra, Australia.

Arnold J G, Allen P M, Muttiah R, et al. 1995. Automated base flow separation and recession analysis techniques[J]. Groundwater,33(6): 1010-1018.

Arnold J G. 1995. SWAT model theory[M]. Texas A&M University, Texas Agriculture Experiment Station Blackland Research Center,5-98.

ASAE Standard. 2004. Manure production and Characteristics [M]. St. Joseph, Mich. :ASABE. 666-669.

Bhaduri B, Harbor J, Engel B, et al. 2000. Assessing watershed-scale, long-term hydrologic impacts of land-use change using a GIS-NPS model[J]. Environmental Management, 26(6): 643-658.

Brezonik P L, Stadelmann T H. 2002. Analysis and predictive models of stormwater runoff volumes, loads, and pollutant concentrations from watersheds in the Twin Cities metropolitan area, Minnesota, USA[J]. Water Research,36(7): 1743-1757.

Buck S, Denton G, Dodds W, et al. 2000. Nutrient criteria technical guidance manual: Rivers and streams[J]. Washington, DC: USEPA.

Cao Z H, Zhang H C. 2004. Phosphorus losses to water from lowland rice fields under rice-wheat double cropping system in the Tai Lake region[J]. Environmental Geochemistry and Health,26(2): 229-236.

Chambers P A, McGoldrick D J, Brua R B, et al. 2012. Development of environmental thresholds for nitrogen and phosphorus in streams[J]. Journal of Environmental Quality,41(1): 7-20.

Chambers P A, Vis C, Brua R B, et al. 2008. Eutrophication of agricultural streams: Defining nutrient concentrations to protect ecological condition[J]. Water Science and Technology: A Journal of the International Association on Water Pollution Research,58(11): 2203.

Chebbo G, Gromaire M C, Ahyerre M, et al. 2001. Production and transport of urban wet weather pollution in combined sewer systems: The "Marais" experimental urban catchment in Paris[J]. Urban Water,3(1): 3-15.

Cho J Y, Choi J K. 2001. Nitrogen and phosphorus losses from a broad paddy field in central Korea[J]. Communications in Soil Science and Plant Analysis,32(15-16): 2395-2410.

Cho J Y, Han K W. 2002. Nutrient losses from a paddy field plot in central Korea[J]. Water, Air, and Soil Pollution,134(1-4): 215-228.

Cho J Y. 2003. Seasonal runoff estimation of N and P in a paddy field of central Korea[J]. Nutrient Cycling in Agroecosystems,65(1): 43-52.

Choudhury A, Kennedy I R. 2005. Nitrogen fertilizer losses from rice soils and control of environmental pollution problems[J]. Communications in Soil Science and Plant Analysis, 36(11-12): 1625-1639.

Chui T W, Mar B W, Horner R R. 1982. Pollutant loading model for highway runoff[J]. Journal of the Environmental Engineering Division,108(6): 1193-1210.

Chung S O, Kim H S, Kim J S. 2003. Model development for nutrient loading from paddy rice fields[J]. Agricultural Water Management,62(1): 1-17.

Conley D J, Paerl H W, Howarth R W, et al. 2009. Controlling eutrophication: Nitrogen and phosphorus [J]. Science,323(5917): 1014-1015.

Croley T E, He C. 2005. Distributed-parameter large basin runoff model. I: Model development[J]. Journal of Hydrologic Engineering,10(3): 173-181.

De Montigny C, Prairie Y T. 1993. The relative importance of biological and chemical processes in the release of phosphorus from a highly organic sediment[J]. Hydrobiologia,253(1-3): 141-150.

Dodds W K. 2003. Misuse of inorganic N and soluble reactive P concentrations to indicate nutrient status of surface waters[J]. Journal of the North American Benthological Society,22(2): 171-181.

Driscoll E D, Shelley P E, Strecker E W. 1990. Pollutant Loadings and Impacts from Highway Stormwater Runoff. Volume Ⅲ: Analytical Investigation and Research Report[R]. FHWA-RD-88-008, Federal Highway Administration.

Ekholm P, Malve O, Kirkkala T. 1997. Internal and external loading as regulators of nutrient concentrations in the agriculturally loaded Lake Pyhäjärvi (southwest Finland)[J]. Hydrobiologia,345(1): 3-14.

El-Shaarawi A H, Lin J. 2007. Interval estimation for log-normal mean with applications to water quality [J]. Environmetrics,18(1): 1-10.

Figueroa-Nieves D, Royer T V, David M B. 2006. Controls on chlorophyll-a in nutrient-rich agricultural streams in Illinois, USA[J]. Hydrobiologia,568(1): 287-298.

Fu G. 2005. Study of concept and indicators sensitivity classification of system on eutrophication lake and reservoirs[J]. Research of Environmental Sciences,18(6): 75-79.

Garrigue C. 1998. Distribution and biomass of microphytes measured by benthic chlorophyll a in a tropical lagoon (New Caledonia, South Pacific)[J]. Hydrobiologia,385(1-3): 1-10.

Gilbert J K, Clausen J C. 2006. Stormwater runoff quality and quantity from asphalt, paver, and crushed stone driveways in Connecticut[J]. Water Research,40(4): 826-832.

Gnecco I, Berretta C, Lanza L G, et al. 2005. Storm water pollution in the urban environment of Genoa, Italy[J]. Atmospheric Research,77(1): 60-73.

Gomez E, Fillit M, Ximenes M C, et al. 1998. Phosphate mobility at the sediment-water interface of a Mediterranean lagoon (etang du Méjean), seasonal phosphate variation[J]. Hydrobiologia,373: 203-216.

Gonsiorczyk T, Casper P, Koschel R. 1997. Variations of phosphorus release from sediments in stratified lakes[J]. Water, Air, and Soil Pollution,99(1-4): 427-434.

Gromaire M C, Garnaud S, Saad M, et al. 2001. Contribution of different sources to the pollution of wet weather flows in combined sewers[J]. Water Research,35(2): 521-533.

Gunes K. 2008. Point and nonpoint sources of nutrients to lakes-ecotechnological measures and mitigation methodologies-case study[J]. Ecological Engineering,34(2): 116-126.

Guo H Y, Zhu J G, Wang X R, et al. 2004. Case study on nitrogen and phosphorus emissions from paddy field in Taihu region[J]. Environmental Geochemistry and Health,26(2): 209-219.

Huang D F, Fan P, Li W H, et al. 2013. Effects of water and fertilizer managements on yield, nutrition uptake of rice and of nitrogen and phosphorus loss of runoff from paddy field[C]//Advanced Materials Research,610: 1527-1532.

Jensen H S, Andersen F O. 1992. Importance of temperature, nitrate, and pH for phosphate release from aerobic sediments of four shallow, eutrophic lakes[J]. Limnology and Oceanography,37(3): 577-589.

Kim J S, Oh S Y, Oh K Y. 2006. Nutrient runoff from a Korean rice paddy watershed during multiple storm events in the growing season[J]. Journal of Hydrology,327(1): 128-139.

Krejci V, Dauber L, Novak B, et al. 1987. Contribution of different sources to pollutant loads in combined sewers[C]//Proceeding de la 4ème conférence international Urban Storm Drainage, Lausanne, 31: 34-39.

Lee J H, Bang K W. 2000. Characterization of urban stormwater runoff[J]. Water Research, 34 (6): 1773-1780.

Leonard R A, Knisel W G, Still D A. 1987. GLEAMS: Groundwater loading effects of agricultural management systems[J]. Transactions of the American Society of Agricultural Engineers,30(5):1403-1418.

Liang X Q, Chen Y X, Li H, et al. 2007. Modeling transport and fate of nitrogen from urea applied to a near-trench paddy field[J]. Environmental Pollution,150(3): 313-320.

Liang X Q, Chen Y X, Nie Z Y, et al. 2013. Mitigation of nutrient losses via surface runoff from rice cropping systems with alternate wetting and drying irrigation and site-specific nutrient management practices [J]. Environmental Science and Pollution Research,20(10): 6980-6991.

Liikanen A N U, Murtoniemi T, Tanskanen H, et al. 2002. Effects of temperature and oxygen availability on greenhouse gas and nutrient dynamics in sediment of a eutrophic mid-boreal lake[J]. Biogeochemistry, 59(3): 269-286.

Lijklema L. 1977. Role of iron in the exchange of phosphate between water and sediments[C]. Sydney: Proceedings of an International Symposium.

Li L Q, Yin C Q, He Q C, et al. 2007. First flush of storm runoff Pollution from an urban catchment in China[J]. Journal of Environmental Sciences,19(3): 295-299.

Lorenzen C. 1967. Determination of chlorophyll and pheopigments: Spectrophotometric equations[J]. Limnology Oceanogr,12(2): 343-346.

Magni P, Montani S. 2006. Seasonal patterns of pore-water nutrients, benthic chlorophyll a and sedimentary AVS in a macrobenthos-rich tidal flat[J]. Hydrobiologia,571(1): 297-311.

Morgan A M, Royer T V, David M B, et al. 2006. Relationships among nutrients, chlorophyll-alpha, and dissolved oxygen in agricultural streams in Illinois[J]. Journal of Environment Quality,35(4): 1110-1117.

Niraula R, Kalin L, Srivastava P, et al. 2013. Identifying critical source areas of nonpoint source pollution with SWAT and GWLF[J]. Ecological Modelling,268: 123-133.

Nordin R N. 1985. Water quality criteria for nutrients and algae (technical appendix). Water Quality Unit, Resource Quality Section[J]. Water Management Branch, British Columbia Ministry for the Environment, Victoria, British Columbia. (Available from: Government of British Columbia, PO Box 9339, Station Provincial Government, Victoria, British Columbia, Canada V8W 9M1.).

Pagotto C, Legret M, Le Cloirec P. 2000. Comparison of the hydraulic behaviour and the quality of highway runoff water according to the type of pavement[J]. Water Research,34(18): 4446-4454.

Parinet B, Lhote A, Legube B. 2004. Principal component analysis: An appropriate tool for water quality evaluation and management—application to a tropical lake system[J]. Ecological Modelling, 178 (3): 295-311.

Peng S Z, Yang S H, Xu J Z, et al. 2011. Field experiments on greenhouse gas emissions and nitrogen and phosphorus losses from rice paddy with efficient irrigation and drainage management[J]. Science China Technological Sciences,54(6): 1581-1587.

Polanco X, François C, Lamirel J C. 2001. Using artificial neural networks for mapping of science and technology: A multi-self-organizing-maps approach[J]. Scientometrics,51(1): 267-292.

Poulsen H D, Kristensen V F. 1998. Standard values for farm manure: A revaluation of the Danish standard values concerning the nitrogen, phosphorus and potassium content of manure[R]. DIAS report No. 7 Animal Husbandry. Ministry of Food, Agriculture and Fisheries. Danish Institute of Agricultural Science.

Qiao J, Yang L, Yan T, et al. 2012. Nitrogen fertilizer reduction in rice production for two consecutive years in the Taihu Lake area[J]. Agriculture, Ecosystems & Environment,146(1): 103-112.

Royer T V, David M B, Gentry L E, et al. 2008. Assessment of chlorophyll-as a criterion for establishing nutrient standards in the streams and rivers of Illinois[J]. Journal of Environmental Quality, 37(2): 437-447.

Smith V H. 1983. Low nitrogen to phosphorus ratios favor dominance by blue-green algae in lake phytoplankton[J]. Science,221(4611): 669-671.

Srinivasan R, Engel B A. 1994. A spatial decision support system for assessing agricultural nonpoint source pollution[J]. Journal of the American Water Resources Association,30: 441-452.

Tian Y H, Yin B, Yang L Z, et al. 2007, Nitrogen runoff and leaching losses during rice-wheat rotations in Taihu Lake region, China[J]. Pedosphere, 17(4): 445-456.

Tsakovski S L, Żukowska J, Bode P, et al. 2010. Self-organizing maps classification of epidemiological data and toenail selenium content monitored on cancer and healthy patients from Poland[J]. Journal of Environmental Science and Health, Part A,45(3): 313-319.

USEPA. 2000. Nutrient criteria technical guidance manual[EB/OL]. [2015-4-27] EPA 822-B-00-002. http://www2. epa. gov/nutrient-policy-data/criteria-development-guidance-rivers-and-streams.

Walker J L, Younos T M, Zipper C E. 2007. Nutrients in lakes and reservoirs: A literature review for use in nutrient criteria development [EB/OL]. [2015-4-27] https://vtechworks. lib. vt. edu/bitstream/handle/10919/49481/VWRRC_sr200734. pdf? sequence=1&isAllowed=y.

William F R A S. 2010. Agricultural nonpoint source pollution: Watershed management and hydrology[M]. CRC Press. 135-168.

Yang S, Peng S, Xu J, et al. 2013. Nitrogen loss from paddy field with different water and nitrogen managements in Taihu lake region of China[J]. Communications in Soil science and Plant Analysis,44(16): 2393-2407.

Yang Y, Yan B, Shen W. 2010. Assessment of point and nonpoint sources pollution in Songhua River Basin, Northeast China by using revised water quality model[J]. Chinese Geographical Science,20(1): 30-36.

Yang Y, Zhang M, Zheng L, et al. 2013. Controlled-release urea for rice production and its environmental implications[J]. Journal of Plant Nutrition,36(5): 781-794.

Yoon C G, Ham J H, Jeon J H. 2003. Mass balance analysis in Korean paddy rice culture[J]. Paddy and Water Environment,1(2): 99-106.

Yoon K S, Cho J Y, Choi J K, et al. 2006. Water management and N, P losses from paddy fields in Southern Korea[J]. Journal of the American Water Resources Association,42: 1205-1216.

You L, Cui L F, Liu Z W, et al. 2007. Correlation analysis of parameters in algal growth[J]. Environmental Science & Technology,30(9): 42-44.

Yu-Hua T, Bin Y I N, Lin-Zhang Y, et al. 2007. Nitrogen runoff and leaching losses during rice-wheat rotations in Taihu Lake region, China[J]. Pedosphere,17(4): 445-456.

Yung Y K, Wong C K, Broom M J, et al. 1997. Long-term changes in hydrography, nutrients and phytoplankton in Tool Harbour, Hong Kong[C]//Asia-Pacific Conference on Science and Management of Coastal Environment. Springer Netherlands. 107-115.

Yu Y, Xue L, Yang L. 2014. Winter legumes in rice crop rotations reduces nitrogen loss, and improves rice yield and soil nitrogen supply[J]. Agronomy for Sustainable Development,34(3): 633-640.

Zang C, Huang S, Wu M, et al. 2011. Comparison of relationships between pH, dissolved oxygen and chlorophyll a for aquaculture and non-aquaculture waters[J]. Water, Air, & Soil Pollution, 219 (1-4): 157-174.

Zhang L, Scholz M, Mustafa A, et al. 2008. Assessment of the nutrient removal performance in integrated constructed wetlands with the self-organizing map[J]. Water Research,42(13): 3519-3527.

Zhang Z J, Zhu Y M, Guo P Y, et al. 2004. Potential loss of phosphorus from a rice field in Taihu Lake basin [J]. Journal of Environmental Quality,33(4): 1403-1412.

Zhao X, Zhou Y, Min J. 2012. Nitrogen runoff dominates water nitrogen pollution from rice-wheat rotation in the Taihu Lake region of China[J]. Agriculture, Ecosystems & Environment,156(1): 1-11.

彩　　图

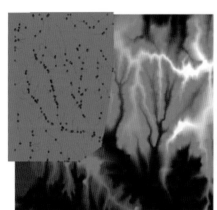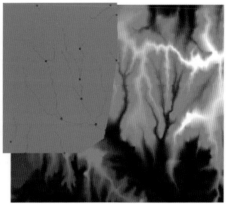

图 6-8　创建河网

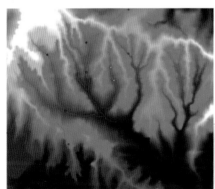

图 6-10　添加流域出口

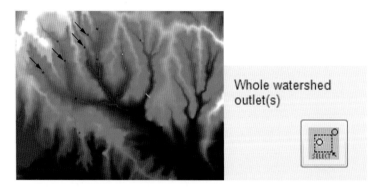

图 6-11　选择流域出口

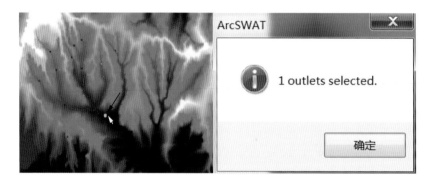

图 6-12　选中出口

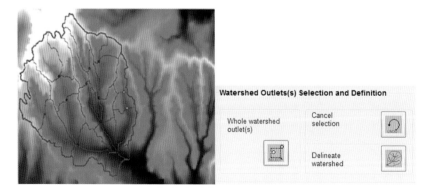

图 6-13　划分子流域